ÉTUDE

SUR LE

MAGNÉTISME ANIMAL

ÉTUDE

SUR LE

MAGNÉTISME ANIMAL

PAR

DE FLEURVILLE

PARIS

IMPRIMERIE V. FILLION & CIE

18 et 18 bis, rue des Martyrs, 18 et 18 bis.

1876

AUX LECTEURS

DE CET OUVRAGE

Quiconque présente comme vrais des faits erronés ou controuvés et cherche à les faire croire à ses auditeurs ou à ses lecteurs est un malhonnête homme.

Pour nous, nous avons toujours eu un souverain mépris pour tous ceux qui se vantent d'avoir induit en erreur d'honnêtes gens qu'ils traitent de niais, crédules, etc.

C'est d'après ce principe que dans cet ouvrage, nous ne parlerons que de ce que nous avons vu, de ce dont nous avons été témoin ou que nous avons fait nous-même.

Nous sommes loin de rejeter ce qui a été fait, expérimenté par d'autres ; et nous sommes tout disposé à croire ce que des personnes dignes de foi nous affirmeront ; mais nous ne voulous pas nous en faire l'écho et les signaler ici.

Tout ce que nous allons révéler est donc rigoureusement et absolument vrai.

Nous le faisons dans l'intérêt d'une science encore à l'état d'enfance, mais qui est destinée à faire son chemin.

Ne croyez pas, si vous voulez ; mais ne niez pas, ne rejetez pas avant d'avoir examiné.

Dans cet ouvrage nous allons raconter d'abord une partie des faits que nous avons produits nous-même, des effets que nous avons obtenus, des choses que nous avons expérimentées ; ensuite nous parlerons de ce dont nous avons été témoin et de ce qui nous a paru vrai et prouvé.

Nous expliquerons enfin ce qu'est le magnétisme animal et nous dirons quel parti on peut en tirer.

Balzac, dans le *Cousin Pons*, disait:

Une des plus grandes sciences de l'antiquité, le magnétisme animal, est sorti des sciences occultes comme la chimie est sortie des fourneaux des alchimistes.

La crânologie, la physiognomonie, la névrologie en sont également issues, et les illustres créateurs de ces sciences, en apparence nouvelles, n'ont eu qu'un tort, celui de tous les inventeurs, et qui consiste à systématiser des faits isolés dont la cause génératrice échappe encore à l'analyse.

C'est cette CAUSE GÉNÉRATRICE que nous avons trouvée et que nous allons démontrer de la manière la plus *évidente*, la plus *incontestable*, après avoir rapporté une série de *faits non isolés*.

De la danse des grenouilles *mortes* observée, constatée par Galvani, sur son balcon, et dont la cause génératrice a été expliquée par lui... est né le télégraphe électrique, etc., etc.

Ce qui prouve une fois de plus que l'observation des faits conduit toujours à la découverte des sciences qui les produisent.

Nous n'avons pas besoin d'ajouter que ce qui précède sera la seule chose empruntée, par nous, à un ouvrage quelconque.

ÉTUDE

SUR LE

MAGNÉTISME ANIMAL

CHAPITRE PREMIER

DU MAGNÉTISME ANIMAL

Avant 1830 on avait raconté devant nous des faits extraordinaires de magnétisme animal, nous avions entendu parler de la vogue et ensuite des tribulations de Mesmer.

Un ami de notre famille, le baron de V..., nous rapporta les détails de sa guérison très surprenante due à la lucidité du somnambule de M. le marquis de Puységur. Il nous parla des phénomènes produits par le grand arbre (chêne ou orme) situé dans sa propriété de Buzancy (Soissonnais) et magnétisé par le marquis.

Tout cela frappa notre jeune imagination et nous recherchâmes avec ardeur toutes les occasions (peu nombreuses alors) de voir les effets du magnétisme avec l'intention bien arrêtée de dévoiler les charlatans s'il y en avait, de signaler leurs manœuvres et de les livrer au mépris public.

Au lieu de cela, tous les faits incontestables et dont nous avons été témoin nous ont pleinement convaincu de la réalité du magnétisme animal, et nous-même nous avons pu produire des effets à notre tour.

Ainsi dans une famille anglaise on nous pria d'essayer à magnétiser une jeune Écossaise qui était dans le salon. Elle était très souffrante et personne ne nous indiqua son mal.

Après une demi-heure de passes magnétiques au-dessus de sa tête, elle s'endort... mais elle ne peut articuler aucune parole, sa figure est tuméfiée, les veines et les artères de son cou sont gonflées et ressemblent à des cordes très tendues.

Toutes ses parentes s'inquiètent et nous parlent de leurs appréhensions.. nous-même, nous n'étions pas très rassuré (c'était notre premier essai)... mais le danger visible qui pouvait augmenter nous redonna tout notre sang froid... Nous dégageâmes la tête, sans réveiller la jeune fille, et après quelques minutes de repos, elle nous raconta (ce que sa famille aurait dû nous dire avant tout), qu'elle était tombée la tête sur un rocher, il y avait un an environ... Les meilleurs médecins qui l'avaient soignée, avaient diminué, en partie et pour un temps plus ou moins long, ses souffrances qui revenaient plus ou moins vives. — Elles étaient devenues encore une fois, si violentes, qu'elle ne pouvait plus dormir ni jour ni nuit, depuis 17 jours , malgré les doses d'opium qu'elle prenait chaque soir. — Enfin qu'elle mettait de côté, depuis deux jours, la quantité d'opium qu'on voulait lui administrer, pour prendre tout à la fois, et en finir avec ses souffrances intolérables.

Mais que nous la guéririons complétement en l'endormant pendant une ou deux heures, en la laissant en repos dans cet état, un assez grand nombre de fois.

C'est ce que nous avons fait deux et trois fois par semaine pendant deux mois. Après chacun de ces sommeils magnétiques, elle dormait paisiblement du sommeil naturel pendant les nuits entières.

Sa guérison fut complète et elle retourna en Écosse où elle se maria.

C'est ainsi que par ce procédé si facile, nous lui avons sauvé la vie et rétabli la santé.

Vers la fin de ce traitement, il lui arriva un soir, après avoir demandé, elle-même, à être endormie, de s'y refuser parce qu'elle aimait mieux, disait-elle, causer avec tout le monde que d'aller dormir dans un coin du salon, puis, excitée par ses jeunes parentes, elle redemanda à être endormie, puis refusa encore.

Choisissez, lui disons-nous. — Si c'est non — nous allons nous retirer. Si c'est oui... réfléchissez, car vous dormirez bon gré, mal gré, je ne vous laisserai plus changer d'idée (elle lutta par plaisanterie); mais au lieu de l'endormir en 5 ou 7 minutes, il nous fallut cinq quarts d'heures avec de grands efforts de volonté et une fatigue excessive.

Elle eut alors des crises nerveuses telles que nous fûmes obligé de la réveiller pour l'endormir de nouveau, mais d'une manière calme et facile.

Elle nous dit alors qu'elle avait eu très grand tort de lutter ainsi, que cela lui avait fait beaucoup de mal, qu'il lui faudrait deux jours d'un sommeil paisible pour réparer son malaise.

Ce premier fait nous apprit quatre choses :

La première, qu'il ne faut jamais accumuler le fluide magnétique sur la partie malade ou trop faible d'un individu.

La seconde, qu'on doit dégager, autant qu'on le peut, les parties douloureuses, avant de chercher à endormir le sujet.

La troisième, que le fluide et le sommeil qu'il procure, peuvent quelquefois suffire pour guérir un malade.

Enfin, la quatrième, qu'il ne faut jamais magnétiser une personne malgré elle.

D'ailleurs, c'est absolument contraire aux lois de la Providence.

Combien de fois, lorsque nos enfants se faisaient mal en tombant, ou bien en heurtant un meuble, ou lorsqu'ils se faisaient une bosse à la tête, n'avons-nous pas enlevé la douleur, diminué et même fait disparaître, en peu de temps, la contusion à l'aide du fluide magnétique (qu'il nous arrivera souvent d'appeler aussi fluide vital, parce qu'il constitue la vie proprement dite, comme nous le démontrerons et l'expliquerons plus tard).

Combien de personnes n'avons-nous pas débarrassées de maux de tête, de migraines (en prenant toutefois des précautions pour ne pas nous communiquer le mal à nous-même)!

Un jour, la jeune et jolie comtesse de C... manifeste, devant nous, la crainte de ne pouvoir pas aller le soir au bal à cause d'une migraine violente et tenace qui la fait souffrir depuis le matin... mais elle ne croit pas à l'efficacité du magnétisme.

Nous lui proposons, comme expérience, de lui partager (fictivement) la tête en deux et de lui guérir la moitié qu'elle nous indiquera... ce qui eut lieu et, comme nous la menacions de ne pas lui enlever l'autre moitié de la migraine, elle avoua qu'elle croyait à l'efficacité du magnétisme; alors nous la débarrassâmes tout à fait de son mal.

Quelques lecteurs pourront sourire en lisant ceci, mais les personnes habituées au magnétisme savent que rien n'est plus facile à obtenir.

Est-ce à dire que tous les magnétiseurs pourront enlever toutes les migraines de tout le monde?... loin de là!... Mais pourquoi ne pas essayer et ne pas s'estimer heureux de pouvoir soulager son semblable, ne fût-ce qu'une fois sur cent et même sur mille?

Nous avons toujours beaucoup moins réussi pour le mal de dents, surtout lorsqu'il est causé par une dent malade.

Nous avons pu soulager des rhumatisés, rarement des goutteux. Que de hoquets, surtout chez les enfants, n'avons-nous pas fait passer en vingt ou trente secondes!

Mais parlons de maladies plus graves et de cures plus importantes.

En mai 1848, nous voyons, dans le jardin des Tuileries,

un jeune soldat atteint d'une violente attaque d'épilepsie, renversant tous ceux qui cherchent à le maintenir et
à le calmer.

Seul, nous lui prenons les deux mains, et au moment
où il allait nous jeter à la renverse, le fluide que nous
lui infusions à grands courants lui détend les nerfs et le
fait promptement revenir à lui.

Qu'on ne croie pas que ce soit le résultat de la crise qui
était à sa fin ! Nous sommes certain de l'effet que nous
avons produit; d'ailleurs le jeune soldat nous dit que ses
attaques duraient toujours beaucoup plus longtemps.

Tous les promeneurs, les curieux, s'empressèrent de
nous féliciter de cet heureux résultat, et l'un d'eux,
journaliste, vint nous demander notre nom pour le publier, ce que nous avons positivement refusé, en l'enga-
geant à rendre compte du fait lui-même s'il le jugeait
utile, mais que pour nous, nous ne voulions à aucun prix nous
poser en magnétiseur. — Ce jeune soldat devait revenir chez
nous ; mais nous ne l'avons plus revu, il aura probablement été tué pendant les malheureuses journées de Juin.

Depuis nous avons soulagé pendant quelque temps un
ouvrier épileptique, soit en le magnétisant, soit en lui
faisant boire un peu d'eau magnétisée.

Pendant plusieurs années, nous avons diminué des
trois quarts au moins les fréquentes attaques d'une pau-
vresse épileptique.

Lorsqu'elle sentait une crise approcher, elle buvait
quelques gorgées d'eau magnétisée et alors elle ne ressentait plus qu'une petite agitation nerveuse, au lieu de

tomber à la renverse, de se tordre, de se rouler par terre avec l'écume à la bouche.

Epileptique depuis son enfance, elle avait une cinquantaine d'années, quand nous avons essayé sa guérison qui n'a jamais été complète ; mais nous avons toujours pensé que si ce traitement, si facile, avait été fait dès ses premières attaques, elle aurait été guérie.

Nous avons essayé le fluide infusé directement et l'eau magnétisée sur un jeune épileptique âgé d'une vingtaine d'années ; nous avons obtenu un peu de diminution pendant quelques mois seulement.

Enfin, il y a peu de temps nous avons fait prendre un demi-verre d'eau magnétisée à un jeune homme d'une quinzaine d'années, devenu épileptique par suite d'une grande frayeur pendant notre dernière guerre, et, après quelques heures, il eut deux crises au lieu d'une, et un peu plus fortes que de coutume ; évidemment le magnétisme ne lui valait rien, et nous fîmes jeter le surplus de l'eau magnétisée. Nous ne savons pas si le fluide d'une autre personne ne l'aurait pas soulagé.

Tel est le résultat véridique de nos expériences sur les épileptiques.

Il faut donc essayer... mais avec prudence et ne jamais insister quand le premier essai est nul, et surtout s'il est mauvais pour le malade.

Il est utile de dire tout de suite, ici, que le fluide de l'un pourra être nuisible à tel épileptique — tandis que le fluide de l'autre lui sera favorable.

Nous développerons ceci plus loin.

Tout le monde sait qu'on n'a pas encore trouvé un seul

remède efficace pour la guérison réelle de l'épilepsie ; nous pensons que le fluide vital bien employé pourra guérir cette horrible maladie.

Nous avons vu un jeune garçon qui avait besoin d'être magnétisé pour une maladie nerveuse dont il était atteint, et qui s'adressait à plusieurs magnétiseurs pour être endormi. Tous, sans exception, et malgré les plus grandes précautions, lui donnaient des agitations nerveuses plus ou moins fortes, et quelquefois des accès ressemblant à ceux de l'épilepsie.

Nous avons été *le seul* dont le fluide a été assez doux pour pouvoir l'endormir d'une manière calme et paisible, et il s'en trouvait très-bien.

Mais d'un autre côté, nous devons dire que notre fluide ne convient pas à ceux qui ont besoin d'en recevoir un dur, tenace, énergique.

Il en résulte que quand on magnétise *pour la première fois* un sujet bien portant, et à plus forte raison quand il est malade, il vaudrait mieux être guidé par un somnambule lucide,... et à défaut, il faut agir avec beaucoup de précaution, avec une attention soutenue ; il faut faire appel à toute son expérience,... et si elle vous manque, il vaut mieux se faire conseiller et guider par plus instruit que soi.

Nous n'admettons pas et nous déplorons vivement que l'on fasse du magnétisme et du somnambulisme un joujou, un amusement, à moins, toutefois, que ce soit pour convaincre un incrédule, et encore,... est-ce une excuse suffisante ?...

En juin 1848, nous avons organisé l'ambulance du bazar Bonne-Nouvelle où nous avons consacré toutes nos journées (de six heures du matin à minuit) pendant deux mois. Elle était installée dans le sous-sol ou cave, bien sèche, bien aérée, où les blessés se trouvaient à l'abri des grandes chaleurs dont souffraient les étages supérieurs. La température variant peu entre le jour et la nuit, toutes les blessures, mêmes les plus graves, prenaient un très-bon aspect, les guérisons étaient rapides, aucun malade ne mourut; il y eut même plusieurs guérisons inespérées.

Les soins les plus intelligents, les plus assidus ne leur manquèrent pas; nous fûmes le témoin de bien grands dévouements... Si nous en parlons un peu longuement, c'est que nous sommes bien convaincu que la fraîchéur et la presque égalité de la température furent la cause principale de ces guérisons en quelque sorte miraculeuses. Avis aux médecins et à tous ceux qui organisent des ambulances !

Un jeune soldat de la ligne avait reçu une balle morte qui traversa son habit, entraîna la doublure, l'étoffe, et enfonça sa grosse chemise de toile dans les chairs; elle contusionna une côte. — En retirant la chemise, celle-ci fit tire-balle, dé sorte que rien ne resta dans cette blessure légère dont il ne tarda pas à être guéri : *complétement*, lui dit le médecin qui le soignait.

Cependant il me confia qu'il ressentait une vive douleur à l'intérieur, toutes les fois qu'il marchait vite et respirait fort.

Une somnambule que je consultai pour lui, m'apprit que la balle avait brisé le bord de la côte et qu'un éclat de l'os ou esquille — dont la pointe était tournée vers l'intérieur, — allait piquer le poumon — cause de la douleur.

Il se rendit à Rouen où il dut se faire opérer et extraire cette esquille que les médecins ne pouvaient ni voir ni deviner.

A cette époque le père d'une jeune fille de dix-sept ans très-malade, donnant beaucoup d'inquiétude à son médecin, nous pria de la magnétiser, ce qui nous fut très-facile, et la lucidité devint de suite très-grande.

Elle nous dit qu'elle avait un abcès considérable près du poumon, ce qui causait ses douleurs, ses insomnies et son affaiblissement rapide.

Le docteur, nous dit-elle, m'a ordonné une potion à prendre aujourd'hui, — jetez-la bien vite dans la rue ;... car si je l'avalais, elle ferait crever (*sic*) mon abcès qui m'empoisonnerait et causerait infailliblement ma mort.

Tandis que si monsieur veut me magnétiser la tisane de violettes qui m'a été ordonnée et que je boirai aujourd'hui et demain, je vois que mon abcès crèvera après demain matin vers neuf heures, et si je rejette toute l'humeur, je serai guérie ; mais si une partie est absorbée dans la circulation, j'aurai à la jambe droite, au-dessus du genou, dans trois semaines, un autre abcès par lequel sortira toute l'humeur absorbée.

Avant de jeter la potion qui devait lui être si fatale, ses parents me prièrent de faire quelques expériences qu'ils m'indiquèrent pour éprouver la lucidité de leur fille.

Puis celle-ci leur déclara que le médecin dont ils attendaient la visite, à chaque instant, ne viendrait pas avant deux heures et demie, parce qu'elle *le voyait* dans le faubourg Saint-Denis, dans une maison dont elle indiqua le numéro et l'étage, occupé à faire un accouchement beaucoup plus long qu'il ne s'y attendait, et qu'une petite fille viendrait au monde au grand désappointement de toute la famille qui comptait sur un garçon.

Mais qu'il ne fallait rien dire au médecin qui pût lui faire soupçonner que sa malade avait eu recours au magnétisme, parce qu'il en serait très-contrarié et s'en irait.

Nous réveillons la jeune fille, — la potion est jetée dans la rue, — le médecin vient après trois heures d'attente et raconte, pour s'excuser de son retard, tout ce qui lui est arrivé (et que la jeune somnambule avait prévu et prédit de point en point).

Il est si étonné du mieux survenu dans la santé de la jeune malade qu'il demande à plusieurs reprises ce qui lui est arrivé; si elle n'a pas eu une crise heureuse, une émotion vive et favorable. — On lui répondit non — rien d'extraordinaire n'est survenu.

L'abcès aboutit et fut rejeté le jour dit, quinze minutes plus tard que l'heure prédite.

L'autre abcès se manifesta le jour indiqué et à la jambe désignée. Il fut soigné suivant la méthode connue, par des cataplasmes, s'ouvrit, laissa écouler l'humeur et la jeune fille fût complétement et définitivement guérie.

Ce que nous avions fait pour la sauver était bien simple : — L'endormir pendant trois jours de suite, et lui faire suivre toutes les prescriptions indiquées par elle.

La femme d'un de nos amis, référendaire à la Cour des

comptes, était atteinte d'un rhumatisme sciatique qui ne lui laissait de repos ni jour ni nuit. Elle essaya inutilement les remèdes à elle indiqués par les médecins les plus justement célèbres de Paris et dont deux étaient ses parents.

Son mari, qui connaissait nos opérations magnétiques, nous pria d'essayer à produire un fait quelconque qui put la convaincre ainsi que sa famille de la réalité du magnétisme.

Nous lui cataleptisons un doigt seulement, c'est-à-dire qu'en accumulant le fluide sur ce doigt, nous lui imprimons une raideur telle qu'aucun de ses parents ne put le faire fléchir; mais on aurait pu le lui casser.

En soufflant dessus, la raideur disparaissait à l'instant. L'expérience fut répétée plusieurs fois avec le même succès, la même facilité, sur le doigt indiqué, chaque fois, par la famille.

Cela eut lieu sans l'avoir préalablement endormie, ce qui est assez rare.

Toutes les personnes présentes à ces expériences se déclarèrent convaincues.

C'est alors qu'en passant notre main au *dessus* de la jambe malade, sans la toucher ni même aux vêtements, mais en la chargeant de fluide que nous ôtions après quelques secondes, nous fîmes disparaître la douleur pendant vingt-quatre heures environ.

Le lendemain même douleur, mais beaucoup moins vive : la magnétisation est recommencée.

Le troisième jour, grande diminution.

Le quatrième jour, guérison. — Ainsi il suffit de quatre

applications, infiltrations du fluide pendant cinq minutes chaque fois.

Quelques mois après, durant son séjour à la campagne, le rhumatisme reparut, mais moins douloureux; en mouillant sa jambe avec une éponge trempée dans de l'eau magnétisée que nous lui avions envoyée dans des bouteilles, elle put se guérir elle-même.

Un autre référendaire qui eut connaissance de ce fait nous presse de venir visiter sa femme malade depuis longtemps et ne pouvant plus digérer quoi que ce soit, même les potages les plus légers, — à peine un ou deux biscuits trempés dans de l'eau sucrée.

Nous hésitons beaucoup à nous rendre à cette invitation, parce que nos préparatifs étaient faits pour un voyage de huit mois en Italie; — parce que nous n'étions connu d'aucun membre de cette honorable famille; et que nous ne voulions pas nous poser en magnétiseur même gratuit. — Enfin parce que ce magistrat venait de nous dire lui-même que le médecin de sa femme, ancien ami de sa famille, était tout à fait hostile au magnétisme.

Cependant, lorsqu'il nous raconta toutes ses vives inquiétudes pour la santé de sa femme dont les forces diminuaient au point de ne plus pouvoir se lever, et de lui faire craindre une fin prochaine, nous cédons à ses instances et nous allons chez lui.

Nous commençons par ôter les douleurs d'estomac de la malade et par lui donner un peu de force, de ressort en faisant quelques passes avec la main, au-dessus et sans la toucher. Un premier bien-être étant obtenu, nous lui faisons prendre un bouillon gras magnétisé ; puis un peu de viande rôtie et de l'eau rougie, le *tout* magnétisé.

La digestion se fit très bien et la malade ressentit un premier soulagement.

Vous croyez, lecteurs, qu'on m'engagea à continuer... détrompez-vous...

Le lendemain le docteur de la famille apprit par l'enthousiasme général — ce qui s'était passé, — jeta feu et flammes, menaça d'abandonner la malade...

Et bien à regret, le mari craignant l'effroi de la famille de sa femme, et la responsabilité qu'il assumerait sur lui, vint me prier de ne plus magnétiser sa femme et me rendit ma liberté dont je profitai, avec plaisir, pour faire mon voyage de suite.

Si nous magnétisons, à distance, les malades, c'est surtout pour que personne ne puisse croire que la guérison ou le soulagement seraient dus à un frictionnement ou à un massage quelconque.

A mon retour, j'appris que la pauvre dame avait langui pendant de longs mois tristement passés dans son lit et qu'heureusement après dix-huit mois ou deux ans de maladie, elle venait d'entrer en convalescence.

Au lieu de huit mois, il nous aurait fallu huit jours pour arriver à cette convalescence.

Mais qu'auraient valu des soins donnés *gratuitement!* et une guérison obtenue si promptement?

Un de nos anciens condisciples, imprimeur en province, nous prie de venir visiter son père malade depuis deux ans et dont la fin semblait approcher. Son médecin l'avait déclaré phthisique et le traitait comme tel.

En passant notre main au-dessus de son corps et sans le toucher, nous reconnaissons que les poumons étaient en bon état, mais que le foie était très malade.

Il souffrait aussi de constipations fréquentes et opiniâtres. Nous lui magnétisons une bouteille d'eau qu'il boit en entier le lendemain matin, ce qui lui procure une purgation qui le soulage et le calme beaucoup.

Puis nous engageons la famille à consulter d'autres médecins; puisque celui qui le soignait depuis deux ans ne voulait pas reconnaître la maladie réelle et qu'il aurait préféré laisser mourir dix malades plutôt que de convenir une seule fois qu'il avait pu se tromper.

Un autre médecin appelé, reconnut facilement l'erreur de son confrère, la réalité de ce que nous avions avancé et il soigna sa maladie de foie, mais le mal était devenu si grand qu'il y avait peu d'espoir de guérison.

Nous venions de la campagne une ou deux fois par semaine pour lui donner un peu de force à l'aide du magnétisme; mais un jour nous sentîmes que nous ne produisions plus aucun effet sur lui; nous le déclarons à la famille et nous disons à son nouveau médecin qui, d'ailleurs, le voyait dépérir de jour en jour, qu'il lui échapperait dans six jours. Ce qui arriva.

Nous n'avons pas rapporté ces faits pour démontrer, constater que les médecins ne sont pas infaillibles, personne n'en doute, mais pour leur indiquer à quelles sources ils peuvent avoir recours pour éclairer leur savoir ou rectifier leurs erreurs.

Nous bornerons à ce qui précède le récit succinct et rapide d'une petite partie des effets curatifs que nous avons obtenus du magnétisme; ils suffisent pour qu'on aperçoive tout le parti qu'on peut en tirer.

Nous n'avons pas besoin de dire une fois de plus que nous n'avons reçu de tous ces malades ni argent, ni cadeaux d'aucune espèce... des remerciements seulement... et c'est tout ce que nous demandions. Personne n'avait intérêt à nous tromper.

On voit que nous avons employé souvent et avec succès l'eau magnétisée, et à laquelle nous avons pu faire produire des effets différents.

En effet, nous avons reconnu que de toutes les substances, l'eau est celle qui absorbe et retient le mieux le fluide magnétique, et que celui-ci passe très bien à travers le verre.

On peut magnétiser aussi des objets en métal ou en laine, en fil, en coton, même en soie. Cependant, il est généralement reconnu, ou au moins admis, que le fluide passe moins aisément à travers la soie.

Nous avons entendu plus d'une personne trop enthousiaste ou trop exagérée s'écrier: On n'aura plus besoin de pharmacien ni d'herboriste!!! Si, tout autant.

Seulement, un somnambule *lucide* (bien entendu), pourra dire pourquoi tel remède ou même telle tisane devra être préférée à telle autre pour tel malade.

CHAPITRE II

Pourquoi la plupart des médecins nient-ils obstinément les effets du magnétisme?

1° Il y en a qui l'admettent et qui s'en servent franchement, ouvertement.

2° Il y en a qui traitent le magnétisme et le somnambulisme de pure jonglerie et qui l'emploient secrètement, avec succès, nous le savons positivement.

3° D'autres ne veulent pas l'étudier parce que c'est plutôt fait de dire : je n'y crois pas.

4° Enfin, il est probable qu'une certaine quantité d'autres docteurs le repoussent dans la crainte de passer pour assez peu instruits et assez peu sûrs d'eux-mêmes pour être obligés d'avoir recours à ces moyens (excentriques, surnaturels, et sentant plutôt la jonglerie que la science, suivant leur langage).

Et puis, disent-ils encore, les exploiteurs du magnétisme et du somnambulisme ressemblent plutôt à des charlatans qu'à des savants.

Alors pourquoi les médecins ne s'empareraient-ils pas du magnétisme à l'exclusion de tous autres comme ils l'ont fait pour exploiter l'art de guérir?

Il y aurait toujours, comme à présent, des charlatans, des rebouteurs, des guérisseurs, des jugeurs d'eaux, des médecins empiriques (nous ne nous moquons pas de tous, car il y en a de très intelligents et de fort adroits), des sorciers et des magnétiseurs en places publiques, mais au moins, le magnétisme animal serait entre les mains de gens instruits, de travailleurs sérieux, en un mot, des médecins auxquels il appartient de préférence à tous autres.

De même qu'il n'est pas défendu aujourd'hui, aux gens du monde qui veulent s'instruire et aux philosophes, de faire des études de médecine et de chirurgie, de même pourraient-ils étudier le magnétisme, soit pour leur propre instruction, soit pour rendre service à l'humanité !

Enfin, nous ne pouvons pas admettre le motif ou plutôt le prétexte énuméré sous le n° 3.

Car tous ceux qui font des études sérieuses et complètes pour se livrer à l'exercice de la médecine, étudient des sciences bien plus longues, plus difficiles, plus ardues et bien moins attrayantes que le magnétisme animal.

Un seul motif pouvait détourner de cette grande et belle science le plus grand nombre des jeunes médecins : C'est que pendant près d'un siècle qu'on s'occupe de nouveau et plus que jamais de l'étude et de l'application de cette chose merveilleuse, on ignorait complétement ce que c'était, personne ne pouvait en donner une explication claire, nette, positive. Aujourd'hui un assez grand nombre de personnes la connaissent et nous la mettrons au grand jour dans le VI° chapitre, quand nous aurons rapporté un certain nombre de faits d'ordres différents et que le lecteur aura été bien préparé, bien disposé à comprendre, sans hésitation, cette révélation que nous-même nous avions cherchée pendant plus de quinze ans. Nous avons poursuivi cette recherche constamment, dans toutes les expériences que nous faisions ou qui se passaient sous nos yeux, avant de l'avoir trouvée entière, complète, et sans négation ou réfutation possible. Nous ne parlons pas de ceux qui *nient tout* même *leur propre existence.*

Non, nous le disons hautement, un somnambule, tel lucide qu'il soit, ne peut pas remplacer toujours et en toute circonstance un médecin instruit.

On ne pourra pas se passer de médecins ; mais le somnambulisme doit faire marcher à grands pas la science médicale.

Il doit éclairer celle-ci, rectifier les erreurs de ceux qui l'exercent ; sa mission est de faire connaître, au médecin, *sans erreur*, la nature, les causes, le siége précis de tous nos maux, de toutes nos maladies internes.

Nous l'avons vu, expérimenté, des centaines de fois ; nous le disons avec la certitude la plus absolue et sans aucune exagération ; et pour rendre notre pensée d'une manière mathématique (pour ainsi dire), nous établirons qu'un médecin doublé d'un somnambule (lucide bien entendu) magnétisé par lui ou par un magnétiseur instruit, expérimenté, vaudra six médecins de premier mérite. Il y a un très grand avantage à ce que le magnétiseur connaisse l'anatomie et à ce qu'il ne soit pas étranger à la médecine.

Il y en a un très grand aussi à ce que le somnambule lui-même connaisse ces sciences.

Nous avons été appelé, il y a longtemps, par les parents d'une jeune fille malade et presque toujours alitée depuis de longues années... Nous l'endormons assez aisément, et elle a une certaine lucidité, surtout pour ce qui la concerne... Elle nous dit qu'on a perdu tant de temps à chercher sa maladie (principalement nerveuse) et un remède efficace, qu'elle pourra indiquer ce qui pourra la soulager... mais non la guérir ; puis nous enseignons à son médecin la manière de la magnétiser et de l'endormir.

Ce médecin fut émerveillé de tout ce qu'elle lui révéla, et des preuves de lucidité qu'elle lui donna.

Un jour, entr'autres, elle s'ordonne un breuvage composé de 15 drogues, en lui expliquant l'utilité et les effets de chacune.

Le pharmacien livre la bouteille. La malade, mise en somnambulisme, déclare que tout n'y est pas, qu'il manque une drogue, et elle l'indique... Le médecin interroge le pharmacien qui affirme d'abord avoir fait exactement, ponctuellement l'ordonnance... Puis lorsque le médecin lui dit : Mais il manque la substance X... Celui-là, stupéfait, avoue que c'est vrai, qu'il n'en avait pas dans sa pharmacie, parce qu'on s'en servait très rarement... qu'il n'en avait pas trouvé chez ses deux confrères (dans sa petite ville); enfin, jugeant que cette drogue, peu active par elle-même, ne pouvait pas ajouter une grande force aux quatorze autres, il avait cru pouvoir la passer sous silence...

Quel médecin ? quel pharmacien aura cette perspicacité ?

Est-ce à dire pour cela que tous les somnambules, même les plus lucides, pourront indiquer la composition de tous les remèdes même les plus secrets ? qu'ils pourront, à première vue, dire si un corps quelconque est simple ou composé ?

Pas le moins du monde.

En général, quand un phénomène magnétique a lieu,

ce n'est pas du tout un motif pour qu'une autre expérience du même genre réussisse.

On peut même appliquer souvent cette maxime : *Qui dicit de uno, negat de altero*. Mais il est très *probable* que quand un somnambule a indiqué lui-même la composition d'un remède à faire, il pourra voir s'il a été exactement exécuté et même si les drogues employées sont de bonne ou mauvaise qualité.

On ne doit pas être plus exigeant pour les somnambules que pour les médecins.

On ne doit pas leur demander plus que leur degré de lucidité ne leur laisse voir, plus qu'il ne leur est permis de révéler.

Au lieu de fatiguer un somnambule à chercher avec plus ou moins d'efforts ce que vous n'ignorez pas vous-même, ce qui est au moins inutile (si ce n'est pour l'éprouver), demandez-lui ce que vous ne savez pas, ce qu'il vous importe d'apprendre.

En général, les somnambules sont honnêtes... plus qu'on ne le croit ordinairement ; dites leur ceci :

Je vous donnerai votre salaire quand même... mais je veux que vous me disiez la vérité... Si vous n'y voyez pas aujourd'hui, ou si vous y voyez mal, dites-le moi... je reviendrai dans un autre moment...

Alors ils n'auront plus d'intérêt à vous répondre... quand même... et au hasard... à ce que vous demandez.

Quant aux médecins, trop de personnes, mêmes intelligentes et bien élevées, s'imaginent qu'il est de bon goût de se moquer d'eux... quand elles sont en bonne santé... Mais à peine malades, leur langage change, il faut courir chez le docteur qui ne vient jamais assez vite... c'est le Sauveur, le Dieu même... Au chevet du malade, on lui adresse cent questions... on ne lui donnera pas le temps d'en faire une... et d'attendre la réponse.

Il faut qu'il devine *tout de suite* le genre de maladie... les remèdes... leur effet... la durée probable, etc., etc.

Si la nature du mal est facile à reconnaître... rien de mieux...

Mais si les prodromes... les symptômes... les signes diagnostiques ordinaires, ne permettent pas de reconnaître de suite le genre de maladie qui se déclare... Alors le médecin, mis en demeure de se prononcer *à l'instant*, joue pile ou face : tant pis pour le malade s'il y a erreur.

Et si l'on a affaire à un médecin peu consciencieux, qui ne veuille pas revenir sur une sentence formulée, qui aie besoin de faire du charlatanisme pour couvrir son ignorance : tant pis pour le patient.

On peut être traité pendant deux ans pour un mal de poitrine lorsqu'on a le foie seul malade. — Cela se voit.

Plaisantons moins le médecin dans un cas, et demandons-lui moins dans l'autre.

Mais il faut commencer par lui raconter l'origine possible,... les causes probables de son mal; ne rien négliger, même les choses les plus futiles en apparence,... le médecin saura tirer profit de ce qui est utile et rejeter le surplus.

Donnez-lui le temps d'examiner, de peser chaque circonstance, de réfléchir même pendant plusieurs jours s'il le faut... plutôt que de le contraindre à se fourvoyer.

Quand on reste au carrefour, on peut, à l'instant, prendre la voie qu'on croit la bonne. Mais quand on a parcouru une partie d'un faux chemin, il faut revenir sur ses pas, double temps, double peine, double perte.

Quelques médecins ont inventé un mot charmant et qui satisfait généralement l'impatience de leurs malades.

Ils appellent cela faire de la *médecine expectante*, c'est-à-dire qu'en attendant qu'ils soient bien renseignés et sûrs ou à peu près de la connaissance du mal à combattre, ils ordonnent des pilules de mie de pain (ou l'équivalent).

Ils ont grandement raison, parce qu'ils ne compromettent rien.

A un docteur appelé à soigner une de nos proches parentes, nous disons : « Vous savez que nous avons fait quelques études de médecine et que nous ne nous paierons pas d'un ou deux grands mots; donc la vérité. — Je ne peux pas savoir aujourd'hui ce qu'a votre parente. » Le lendemain même réponse.

Alors l'entourage de la jeune malade et les commères de se récrier: — Mais c'est un ignorant! je ferais venir un autre médecin !

— Non,... non! leur dis-je avec fermeté,... je ne congédierai jamais un médecin si franc et si prudent.

Le troisième jour, il me dit: — Je suis sûr de mon affaire... cette jeune femme est enceinte... le début est pénible et compliqué... mais je vais y porter remède et la soulager...

Puis il ajouta: — Je pouvais dès le premier jour la traiter à pile ou face — seulement si j'avais soigné une inflammation d'entrailles (très intense), je tuais son enfant, et si je l'avais médicamentée à cause d'une grossesse qui n'aurait pas existé, j'aurais augmenté son inflammation.

J'ai donc gagné et elle aussi à attendre deux jours, sans danger d'ailleurs.

Je l'approuvai et le remerciai de sa prudence (mais non sans cette réflexion, que si j'avais eu dans cette campagne un somnambule à ma disposition, j'aurais fait trancher la question en quelques instants).

On doit dire à son médecin toutes les causes possibles, probables, de sa maladie...

Exemple : — Docteur, j'ai une dyssenterie des plus intenses.—Réponse:—Prenez de l'eau de riz et pas de bains.

Revenu chez nous, un instinct et aussi la réflexion nous engage à faire tout le contraire de l'ordonnance. Nous prenons un bain de cinq quarts d'heure, de la tisane de pruneaux au miel, etc.

Et nous sommes rapidement et radicalement guéri.

— Pourquoi, nous dit le médecin, avez-vous fait tout le contraire de ce que je vous avais prescrit pour vous éviter une atteinte de cholérine, ou de fièvre typhoïde, si nombreuses en ce moment ?

Car ce n'est pas pour le vain et futile plaisir (si c'en est un) de dire : Je ne fais rien de ce que m'ordonne mon docteur.

— Non assurément... Mais j'ai réfléchi qu'après plusieurs nuits passées à danser chez des amis et d'autres à travailler chez moi, il me fallait, à tout prix, des rafraîchissements, du repos et du sommeil.

— Eh bien ! me dit avec juste raison le bon docteur, si vous aviez débuté par me dire cela, j'aurais changé mon ordonnance.

Pour nous, il était plutôt un ami qu'un médecin, car notre bonne santé nous permettait de ne pas nous donner le luxe d'un docteur en médecine.

Et comme digression, nous raconterons qu'un jour, au printemps, étant mal à l'aise et triste sans cause apparente, il nous retint à dîner pour nous égayer et lui tenir compagnie, nous dit-il, sa famille étant à la campagne.

Notre acceptation fut faite sous la condition expresse qu'il ne nous forcerait à prendre ni vin pur, ni café, ni liqueurs, et que nous mangerions peu de chose.

Vers la fin du dîner : Quelle sera ma maladie, lui dis-je, car je vais être malade très prochainement? — Drôle de garçon, me répondit-il, qui a une mine superbe, le pouls régulier, suffisamment d'appétit; auquel j'aurais peut-être de la peine à dire ce qu'il a (s'il était malade) et qui exige que je lui dise ce qu'il pourra avoir... un jour... Ma science ne va pas jusque-là.

— Il est vrai que ma question est mal posée. — Quelles sont les maladies les plus répandues en ce moment? Celles que vous soignez le plus ?

— Ce sont des fièvres typhoïdes et des jaunisses dont quelques-unes assez graves.

Après un moment de réflexion, je lui répondis : Je ne veux pas de fièvre typhoïde ; je ne l'aurai pas. Je préfère la jaunisse.

Le lendemain et le surlendemain nous nous soignons par le repos, par la diète de plus en plus sévère, et le troisième jour le mal apparaît; j'écris à mon excellent docteur : Venez me soigner, j'ai la jaunisse et, en vous attendant, je me suis mis au bouillon de carotte.

—Votre mal ne sera rien du tout, me dit-il; par vos trois jours de précautions et de soins préliminaires, vous avez enrayé et, pour ainsi dire, étranglé la jaunisse.

Ah! si tous mes malades vous ressemblaient, avec quelle facilité je pourrais les guérir!

Qu'avons-nous fait, en réalité? nous avons suivi l'exemple des chiens, écouté notre instinct, tenu compte des avertissements préliminaires. — C'est facile pour quiconque veut s'observer, s'interroger, et puis le médecin fait le reste.

Combien de fois des millions de personnes n'ont-elles pas formé le vœu que les médecins puissent voir dans l'intérieur du corps humain aussi facilement qu'à l'extérieur ! ! !

Combien d'efforts et d'essais n'a-t-on pas faits avant de trouver le spéculum, le laryngoscope, les sondes, les outils lithotriteurs, etc..!

Voici un médecin, très-savant, très-chercheur, très-bienveillant, très-affectueux pour ses malades et d'une modestie d'un autre siècle qui a réalisé en grande partie ce vœu.

Le docteur Antoine Cros (qu'il veuille bien nous pardonner de le nommer ici) a inventé un instrument tout petit, tout simple, tout facile à employer... mais grand et extraordinaire dans ses résultats comme tout ce qui est simple. Avec cet instrument, le docteur Antoine Cros peut dessiner sur votre chemise, sur votre peau même, si vous le désirez, la forme, l'emplacement, les dimensions de vos organes intérieurs : — les bronches, poumons, cœur, estomac, reins, foie, etc.

Il connaîtra ainsi leur ensemble le jour de son inspection ; leur rapport entre eux, leur défaut de coordination qui cause votre malaise ou votre maladie.

Il vous dira : cet organe est trop gros ou trop petit, donc il est malade. Il pourra vous apprendre comment et pourquoi les autres s'en ressentent plus ou moins ; il saura ainsi à coup sûr, il verra, pour ainsi dire, ceux qu'il doit soigner, sans trop se préoccuper des autres qui se guériront d'eux-mêmes quand celui qui est leur voisin ou dont ils dépendent se portera bien et aura repris sa grosseur normale.

Par exemple, vous souffrez de l'estomac, son instrument lui révèle que votre foie seul est malade, il soigne celui-ci et l'autre se rétablira de lui-même.

Et puis il lui est impossible de commettre les erreurs auxquelles sont exposés tant de médecins.

Nous l'avons vu soigner une fluxion de poitrine, dessiner sur la chemise du malade la grosseur, la forme des poumons, indiquer les endroits où se rencontrait un point plus malade, un noyau, auquel il portait remède par un vésicatoire ou par tout autre moyen.

Puis, le lendemain, avec un crayon d'une autre couleur, il traçait les changements survenus, et il agissait en conséquence sans tâtonnements et à coup sûr.

Mais avant de se confier à son merveilleux petit instrument pour soigner ses malades, le savant docteur avait fait, en présence de tous ceux de ses confrères qui voulaient y assister, de nombreuses expériences sur des cadavres dont on faisait l'ouverture, pour constater que tous les organes intérieurs avaient la forme, les dimensions et occupaient exactement les places préalablement indiquées à l'extérieur par lui, sous leurs yeux.

CHAPITRE III

Nous avons toujours regardé le magnétisme animal comme une chose très sérieuse, et pour ainsi dire sacrée... par conséquent nous n'aimons pas à en faire un joujou, un amusement, un objet de pure curiosité : à moins que ce ne soit pour convaincre un incrédule, ou pour instruire quelqu'un en l'amusant, comme nous l'avons déjà dit.

Par exemple, deux charmantes jeunes filles nous demandèrent, ainsi que leur famille, de les rendre témoins d'un phénomène quelconque de magnétisme, sans toutefois les endormir.

Alors nous avons pensé à leur inspirer, imposer en quelque sorte un rêve.

Ce qui a réussi à peu près pour l'aînée ; mais très bien pour la plus jeune.

Dans l'espace de huit jours, nous lui avons inspiré trois rêves, un bal, un spectacle d'un Robert-Houdin quelconque et la *vue* de Tom-Pouce qui venait d'arriver à Paris : ce dernier rêve acheva de convaincre toute la famille.

Voici comment se faisait l'expérience :

Nous portions à notre doigt une bague de cette jeune fille pendant toute la durée du bal, du spectacle, etc. Le lendemain, nous magnétisions cette bague avec la ferme volonté que la vue du spectacle fût transmise ; puis nous enfermions dans une boîte cette bague que la jeune fille mettait à son doigt, seulement au moment de s'endormir.

Le lendemain elle racontait son rêve devant nous tous, et alors on ouvrait le pli dans lequel nous en avions tracé la description à l'avance.

C'est une expérience qui peut se renouveler, avec succès, sur les personnes qui sont faciles à magnétiser.

Un ancien pharmacien très instruit, très expérimenté, mais qui avait entendu beaucoup parler de magnétisme sans avoir vu d'expériences concluantes, nous disait : « Qu'à son avis l'imagination jouait le rôle principal chez » les magnétiseurs, les magnétisés et même les specta- » teurs. »

Je voudrais, me disait-il, pour être convaincu, voir des effets produits sur autre chose que des animaux. — Soit, lui répondis-je, nous ferons une expérience sur des fleurs ; j'ai toujours réussi, et vous aurez une garantie contre leur imagination.

En effet, il cueillit dans son jardin des violettes dont il fit deux bouquets en nombre égal dans chaque et avec des queues de même longueur.

Il prit sur un rosier deux boutons de semblable grosseur, avec même nombre de feuilles et il égalisa les tiges; sur un autre rosier, deux boutons un peu entr'ouverts, et sur un troisième, deux roses plus épanouies, toujours avec même nombre de feuilles et même longueur de tiges. Il en plaça trois autour des violettes dans chaque bouquet.

Enfin il entoura le tout avec du seringat aux fleurs, feuilles et tiges similaires; de sorte que chaque bouquet était aussi semblable que possible l'un à l'autre.

Il mit à la même hauteur, dans deux verres de même grandeur, de l'eau prise dans la même carafe.

A l'aide d'une échelle, il plaça un verre sur l'angle d'une bibliothèque élevée et il me remit l'autre pour le magnétiser.

Après l'opération faite, il mit ce dernier verre sur l'autre angle de la même bibliothèque, retira l'échelle et il ferma la porte afin que personne ne put venir déranger l'expérience.

Il constata que le bouquet magnétisé eut plus de durée que l'autre, c'est-à-dire que les fleurs conservèrent leur fraîcheur plus longtemps; savoir: les violettes six jours de plus; les roses sept, huit, neuf jours de plus; et les tiges de seringat dix, onze et douze jours de plus que le seringat de l'autre bouquet.

Cet excellent homme fut satisfait et convaincu. Nous avons souvent magnétisé des fleurs, et toujours avec succès: seulement leur durée n'était pas toujours également prolongée.

Nous avons entendu dire souvent, qu'on avait magnétisé des fruits qui devenaient plus gros et mûrissaient plus vite que les autres.

Nous ne le nions pas, nous ne l'affirmons pas ; mais nous ne l'avons pas vu, ni expérimenté nous-même.

Le fait est très croyable.

A plus forte raison, peut-on magnétiser des animaux.

Plus d'une personne croit que les dompteurs ne font pas autre chose.

Nous avons déjà dit, et nous répéterons ici qu'on peut *cataleptiser*, c'est-à-dire rendre insensible des somnambules (pas tous, tant s'en faut ; mais quelques-uns). Alors on peut leur faire des opérations sans émouvoir leur sensibilité ; arracher une dent, couper un membre... On y a réussi surtout en Amérique.

Mais on paraît avoir généralement abandonné ces expériences depuis la découverte et l'emploi des substances anesthésiques.

Non-seulement on peut rendre insensibles quelques somnambules, mais on peut prolonger pendant longtemps les poses qu'on leur aura fait prendre, comme à un mannequin, ou même l'expression qu'on aura donnée à leur visage.

Par exemple, vous imprimez, à ce *cataleptisé*, un sentiment de terreur, d'effroi, ou de tristesse ou de joie, et vous pouvez le faire durer longtemps, beaucoup plus longtemps que le même sujet ne pourrait le faire à l'état de veille (si même il pouvait y réussir pendant quelques minutes).

Ainsi, nous avons mis et vu mettre sous nos yeux, en cet état, une jeune femme aux traits forts réguliers, mais sans aucune expression. Son magnétiseur, par sa seule pensée, par sa seule volonté, non exprimée du geste ou de la voix, lui ordonnait de prendre la pose et l'expression de la Madeleine de Canova, que tout le monde connaît.

Alors les jambes de cette jeune fille fléchissaient lentement jusqu'à ce qu'elle se fut posée doucement sur ses deux genoux ; le buste s'affaissait, ses bras et ses mains s'étendaient pour recevoir un crucifix (ou une planchette qui le remplaçait); ses yeux se levaient vers le ciel et ils s'emplissaient peu à peu de vraies larmes qui coulaient lentement sur ses joues... Elle était admirablement belle en cet état qui durait autant que la volonté, l'énergie de son magnétiseur et qui aurait eu aussi, pour limite, la crainte de fatiguer cette jeune femme. Mais pendant plusieurs heures, elle aurait pu servir d'un très rare modèle à un artiste.

Un autre jour, pleine d'effroi, elle s'élançait pour fuir comme une des filles de Niobé, et par la volonté seule, on l'arrêtait en équilibre sur un seul pied.

Ou bien ce sera la terreur causée par la vue d'un lion qui veut dévorer son enfant.

On comprend tout le parti que les artistes, peintres, sculpteurs, peuvent tirer de pareilles dispositions.

Qui empêcherait de les photographier ou de les mouler en cet état ?

Cette jeune femme avait une certaine lucidité, mais à son heure, et pour ainsi dire d'une manière intermittente. Ainsi nous lui avons vu prédire, trois semaines d'avance, le jour et l'heure de la naissance d'un enfant et son sexe ; ce qui eut lieu. Et devant nous elle dit : J'accoucherai dans trois jours d'un garçon, tandis que le

lendemain elle mettait au monde une fille (au grand dé-
sespoir de son mari). Avait-elle mal vu pour elle? Ou
bien voulait-elle ne pas révéler ce fait à son mari devant
tout le monde?

Quant à ces merveilleuses poses plastiques, nous les
avons vu imprimer à un assez grand nombre d'autres
somnambules.

Une jeune femme très franche, très honnête, était magnétisée et endormie par son mari, qui se plaisait à lui
faire donner des preuves matérielles de la réalité de la
phrénologie.

Lorsque nous étions en petit comité, et nous connais-
sant tous, il magnétisait sur la tête de sa femme, successivement, toutes les bosses qui correspondaient à l'amour
maternel, l'amour *conjugal*, le vol, le meurtre, l'orgueil,
la vénération, la piété, etc., etc.; et cette jeune femme,
après un premier mouvement de honte, de pudeur ou
d'hésitation, nous volait avec une certaine adresse, surtout avec une grande rapidité, nos montres, foulards, etc.;
ou bien, armée d'une règle, en guise de poignard, elle
fondait sur nous et nous aurait frappé si son mari ne
l'eût arrêtée brusquement, le bras en l'air; ou bien elle
cherchait un enfant pour l'accabler de caresses,
etc., etc.

Bien entendu, nous nous prêtions, de bonne grâce, à
toutes ces expériences faites pour nous instruire, et non
pour nous tromper les uns ou les autres.

Elle était assez lucide, et nous eûmes l'occasion de
l'interroger sur un vol commis au préjudice d'une jeune
fille, alors à la campagne. A cet effet, nous lui avions

remis une mèche de cheveux que les parents de celle-ci nous avaient envoyée.

En remarquant son hésitation, et sur notre invitation, elle nous dit qu'elle craignait de se tromper, que c'était une chose très grave, et que d'ailleurs notre propre fluide avait pénétré cette mèche de cheveux que nous portions depuis quelques jours dans notre portefeuille.

Nous l'avons rétribuée à cause de sa franchise, et nous l'avons consultée une seconde fois, en lui remettant une seconde mèche de cheveux restée dans la lettre d'envoi.

Ce jour là, elle vit clairement le vol ; mais à cause de l'extrême gravité des circonstances, elle ne voulait pas dire le nom du malfaiteur. Cependant, pour ne pas laisser planer des soupçons injustes sur les personnes innocentes, elle voulut bien nous dire que ni les conducteurs des voitures, ni les facteurs qui avaient porté la malle, ni les domestiques de la maison n'étaient coupables. Elle nous apprit que la jeune fille avait déposé sa boîte à bijoux dans sa malle restée ouverte, pendant le déjeuner, dans la chambre où elle couchait avec sa mère, et quand elle revint pour fermer sa malle, la boîte et les bijoux avaient disparu.

La somnambule compléta ces renseignements en faisant le portrait, en donnant le signalement exact du voleur; la jeune fille et ses parents le reconnurent et gardèrent le silence. Quelque temps après, *il* mit fin à ses jours... et à ses méfaits.

Nous rapportons cela pour prouver combien il faut être prudent quand on interroge un somnambule sur un vol et avec quelle facilité une circonstance, futile en apparence, peut occasionner une grosse erreur. Nous voulons parler du mélange des fluides qui s'était opéré sur la première boucle de cheveux.

Dans un des chapitres qui va suivre, nous aurons occasion de parler d'une certaine quantité d'erreurs commises par des somnambules et des causes probables qui les ont occasionnées, afin d'instruire et de prémunir les personnes qui veulent les consulter.

C'est sans doute parce que nous avons le pouvoir de magnétiser, que notre fluide se mêle si facilement aux objets que nous portons sur nous.

Ainsi, dans une autre circonstance, nous remettons, entre les mains d'un somnambule, une mèche de cheveux d'une femme malade de la poitrine...

Cette personne, nous dit le somnambule, se porte très bien... sa poitrine est excellente... seulement elle a très souvent des maux de tête... parfois assez violents... Cela vient surtout de ce que son imagination travaille beaucoup, ce qui lui fait porter le sang au cerveau.

D. Quel est son sexe? — R. Un homme. — D. Prenez ma main : n'est-ce pas moi que vous voyez, au lieu de la femme à laquelle appartiennent ces cheveux? — R. C'est vrai; votre fluide a tellement couvert cette mèche, que je vois difficilement celui de la femme. Veuillez lui demander un autre objet.

Ce fait s'est renouvelé encore d'autres fois, plus ou moins, suivant que l'objet était resté plus ou moins de temps dans nos poches.

En notre présence, une jeune femme consulte un somnambule très lucide... Leur conversation avait lieu à voix basse... Tout à coup la jeune femme s'écrie : Mais, c'est impossible... vous ne me voyez pas... — Je vous vois très bien, répond le somnambule, vous êtes grande, élancée, vous avez de grands yeux noirs, et tout ce que je viens de vous dire est aussi vrai que vous vous appelez Victorine... — Pas le moins du monde, reprend la jeune femme, je suis petite, mes yeux sont bleus et je me nomme Marie... Victorine est ma belle-sœur à laquelle appartient ce manchon (qu'elle tenait sur ses genoux)... — Hé bien, mettez-le sur un meuble, pour qu'il ne me fasse plus commettre d'erreur.

(Il faut bien avouer que cette erreur même prouvait la grande clairvoyance de ce somnambule). Il annonça, entre autre choses à cette jeune femme, qu'elle était enceinte d'un mois, ce qu'elle-même ignorait, et ce dont elle ne tarda pas à reconnaître la vérité.

Mais s'il n'avait pas dit : Vous avez de grands yeux noirs et vous vous appelez *Victorine*, la consultante *Marie* aurait nécessairement pensé que ce somnambule s'était moqué d'elle, ne pouvant pas soupçonner ce qui avait causé son erreur.

Nous avons vu une somnambule indiquer exactement l'emplacement d'une source et la profondeur à laquelle elle devait jaillir.

Nous rapportons ce fait, en passant, et sans autre développement, car nous ne le croyons pas rare.

D'autres ont découvert des trésors cachés, enfouis... on nous l'a dit... Nous croyons ceci très possible... mais nous ne l'avons pas vu et nous ne voulons pas nous en faire l'écho, étant bien déterminé à ne raconter que les phénomènes que nous avons produits nous-même, ou qui se sont passés sous nos yeux. Nous tenons à inspirer toute la confiance que nous méritons, nous le disons naïvement, sans orgueil et sans fausse modestie. Nous écrivons non pas pour en tirer vanité ni un lucre quelconque, mais pour être utile à nos lecteurs, pour les instruire autant que nous le pourrons faire.

Nous savons qu'il y a quantité de personnes de bonne foi, qui ne demandent qu'à voir pour croire, ou qui n'attendent qu'une explication vraie pour ajouter confiance à ce qu'on leur dit.

Mais à côté de celles-ci, il y en a de si fortement cuirassées d'incrédulité, de parti pris, contre tout ce qui n'est pas vulgairement connu et accepté, qu'il est inutile de s'en occuper.

Combien de gens ont nié le télégraphe électrique? et pendant combien de temps? Leur grand dada était: qu'on ne voyait pas passer les dépêches.

Nous avons vu un homme très intelligent, très instruit, versé dans les sciences, auquel nous avons dit: Écrivez un mot quelconque sur un morceau de carton ou de papier épais, enfermez-le dans autant d'enveloppes que vous voudrez; ficelez, cachetez, et nous le ferons lire à travers le tout.

Je vous renverrai votre paquet intact avec votre mot que j'écrirai tel qu'il m'aura été révélé. Si je fais cela, croirez-vous à la lucidité du somnambule?— Non. — Alors à quoi bon essayer cette expérience? Et je jetai au feu le paquet...

En général, il ne nous est pas permis de connaître l'avenir, et c'est un grand bienfait.

Cependant il arrive parfois qu'un coin du voile est soulevé. Les somnambules peuvent quelquefois nous révéler certains faits qu'il nous importe de savoir d'avance, sans qu'il en résulte aucun inconvénient pour qui que ce soit.

Nous en avons plusieurs exemples remarquables; en voici quelques-uns :

Un de nos amis nous prie de consulter un bon somnambule sur la santé à venir de sa femme (il y a plus de vingt ans). Je désire le savoir, nous dit-il, pour prendre un parti d'où doit dépendre tout notre avenir.

Il me fut permis de lui apprendre que sa jeune femme, alors malade, entrerait en convalescence trois ou quatre mois plus tard, mais que cette convalescence ne serait qu'apparente et durerait cinq à six mois; qu'ensuite la pauvre femme redeviendrait plus malade que jamais, pendant plus d'une année, et qu'après on ne pouvait plus voir si elle mourrait à la suite de cette rechute, ou bien si elle traînerait plus ou moins longtemps une existence chétive et maladive.

Sur cette révélation à laquelle il ajouta foi, cet ami prit de suite son parti, et les choses se passèrent comme il avait été prédit, sauf peut-être pour la durée des deux maladies et des deux convalescences.

Nous nous abstiendrons généralement d'écrire les noms des personnes dont nous voulons parler et même d'indiquer des circonstances qui pourraient mettre sur la voie, à moins d'en avoir eu, au préalable, l'autorisation, ou à moins que les faits n'aient eu une très grande notoriété, et même une certaine publicité comme celui que nous allons rapporter.

Nul n'ignore que M. le marquis de Boissy s'occupait souvent de somnambulisme ; qu'il aimait à voir faire des expériences de magnétisme : d'ailleurs, il n'en faisait mystère pour personne.

Après la révolution de février 1848, M. le marquis (alors pair de France et devenu sénateur sous l'empire) désirait une ambassade. — Vous serez nommé, lui dit et répéta pendant plus d'un mois le somnambule Alexis (dont nous parlerons très en détail dans le chapitre IV); vous serez nommé... mais vous ne partirez pas.

M. Thibaudeau qui (nous l'espérons pour lui, existe encore aujourd'hui) désirait, de son côté, devenir le secrétaire de M. le marquis ambassadeur. — Vous serez nommé, lui dit et répéta peut-être dix fois, peut-être vingt fois, le même Alexis et une autre somnambule; mais vous ne partirez pas.

M. le marquis de Boissy fut nommé à l'ambassade de Naples par M. de Lamartine, et M. le marquis choisit M. Thibaudeau pour son secrétaire qui, fort content, s'empressa de faire ses préparatifs de départ.

Mais... mais M. de Lamartine tomba du pouvoir... M. le marquis de Boissy donna sa démission d'ambassadeur... et il ne partit pas... et M. Thibaudeau resta.

Ainsi s'accomplirent les prédictions.

A cette époque, on assura qu'Alexis prédit l'échec de M. le général Cavaignac et le succès de Louis-Napoléon... N'en ayant pas été témoin, nous ne pouvons pas l'affirmer.

Ce que nous avons vu plusieurs fois, alors, ce sont des somnambules lucides et de bonne foi, involontairement influencées, sans doute, par ceux qui les interrogeaient, répondre vert, blanc, rouge ou tricolore, suivant la couleur politique de ceux-ci.

D'où nous conclûmes, à cette époque, que la connaissance de l'avenir politique de la France nous était fermée.

Nous avons été témoin de la prédiction, à courte échéance, de bien des faits et des événements non politiques.

Ainsi, une jeune femme affectée de plusieurs maladies graves et qui se soignait elle-même avec assez de succès, en suivant ses propres prescriptions faites quand elle était en somnambulisme, vit se réaliser l'une après l'autre ses prédictions concernant les maladies ou la mort successive de six personnes qui lui étaient chères. Celui-ci mourra dans huit jours... Celle-là dans trois semaines.... Cette autre sera enlevée demain matin à six heures par la rupture d'un anévrisme (dont personne ne soupçonnait l'existence) et l'on viendra à dix heures m'apprendre cette triste nouvelle... il ne faut pas m'en parler aujourd'hui... Tout ceci arriva.

Mais une de ses prédictions, qui devait se réaliser dans trois mois, fut beaucoup retardée.

Une femme enceinte, affectée d'une très grave maladie, devait succomber, ainsi que son enfant, vers le sixième ou septième mois, avait-elle annoncé.

Mais elle nous dit un jour : les choses sont changées ; elle accouchera à terme... toute l'humeur cancéreuse qu'elle a s'en ira lors de son accouchement ; elle se portera bien après cela et son enfant vivra, il n'aura rien de la maladie de sa mère... ce qui eut lieu.

Mais, nous le répétons, quelle que soit la quantité de prédictions qui se sont réalisées, elles formeront toujours une exception. Il ne faut donc pas trop compter sur leur exactitude d'une manière absolue.

Cette jeune femme était d'une lucidité bien remarquable pour découvrir les maladies, leurs causes, leur origine même très reculée.

Seulement il fallait agir avec elle avec la plus grande prudence, les plus grandes précautions, pour l'empêcher de prendre le mal des personnes qui la consultaient.

Ainsi, nous avons remis entre ses mains une mèche des cheveux d'un épileptique pour savoir quels remèdes pourraient lui être le plus utiles.

Nous ne l'avons pas dégagée assez tôt ni assez vite du fluide de ce malade, qui imprégnait ses mains (parce qu'on était venu nous déranger pendant quelques minutes). Elle absorba une certaine quantité de ce fluide qui lui occasionna, deux heures après son réveil, une assez violente attaque de nerfs : elle se calma dans un bain qu'elle s'était ordonné. Le lendemain et le jour suivant, elle eut deux autres attaques, mais de moins en moins fortes. Quoique ces accidents ne soient pas très communs, cependant il faut les prévoir et les prévenir.

Un certain nombre de somnambules ne voient pas directement la maladie de leurs consultants, mais ils la ressentent sur eux-mêmes ; ainsi, le consultant aura mal à l'estomac, je suppose, et le somnambule, se palpant, ressentira à l'estomac une douleur analogue, mais passagère, fugitive, qui ne lui restera pas.

On comprend combien ces somnambules doivent se tromper souvent, prendre un organe pour celui d'à côté et quand la douleur n'est pas vive, ils ne la sentent que peu ou point ; seulement, si le mal est contagieux, s'il réside dans les nerfs, ils courent le risque de le ressentir pendant un certain temps.

Le magnétiseur serait bien plus exposé à absorber une partie du mal ou malaise, même d'un simple mal de tête, de la personne qu'il magnétise, s'il ne prenait pas la précaution de se dégager de suite.

Nous-même nous avons pris plusieurs fois des maux de tête, lorsque, par oubli ou par distraction, nous n'avions pas rejeté assez vite le mauvais fluide... et nous avions quelquefois beaucoup de peine à nous en débarrasser.

Quant à nos propres maux de tête, lorsque nous n'avions près de nous aucun magnétiseur pour nous soulager, nous engagions une somnambule ou toute autre personne susceptible d'être magnétisée, de mettre ses deux mains sur notre tête avec la volonté de nous ôter notre mal... elle en prenait assez promptement une partie que nous nous empressions de lui enlever, et en répétant cette imposition de mains trois ou quatre fois pendant quelques secondes chaque fois, elle finissait par nous guérir tout à fait et nous lui rendions le même service tout aussitôt.

Nous avons connu une comtesse très charitable et d'un dévouement absolu aux pauvres qu'elle cherchait à soulager, non-seulement avec sa bourse, mais aussi à l'aide du magnétisme. Ne pouvait-elle pas ou ne savait-elle pas se dégager suffisamment des fluides morbides ? Toujours est-il qu'elle fut plusieurs fois affectée des rougeoles, coqueluches et autres maladies qu'elle voulait soigner.

Elle dut renoncer à magnétiser, car elle jouait sa santé et même sa vie.

Le magnétisme peut rendre des services de bien des natures : par exemple, pour vous guider dans le choix d'un état, d'une profession, d'un époux même quelquefois.

On ne peut pas toujours vaincre sa destinée, mais quand on sait, même à peu près, ce qui doit nous arriver, on peut exercer son libre arbitre au moins pour lutter ou pour se guider.

Exemple : Une jeune fille, qui faisait vivre sa mère et elle-même avec ses facultés somnambuliques, pouvait s'endormir (du sommeil magnétique) en tenant dans ses mains un objet fortement magnétisé. Quand elle voulait se réveiller, elle mettait cet objet sur un meuble. Le fluide était renouvelé tous les huit ou quinze jours, suivant qu'elle s'en était plus ou moins servi. (Nous avons vu trois personnes seulement qui avaient une semblable faculté.)

Pendant une absence de son magnétiseur ordinaire, sa mère nous pria de lui rendre le service d'aller endormir sa fille et de lui magnétiser un autre objet.

Comme elle savait que nous refuserions toute espèce de rétribution, elle nous proposa de nous faire donner une consultation gratuite, ce dont nous n'avions nul besoin en ce moment. Mais voici un aperçu de la conversation que nous eûmes avec la jeune fille :

D. Puis-je vous être utile, à vous, pour vos affaires présentes ou pour votre avenir ? Vous voyez que ce n'est pas la curiosité ni l'indiscrétion, mais l'intérêt que je vous porte qui m'entraîne à vous adresser cette question à laquelle vous pouvez ne pas répondre, si elle vous inspire un doute ou même la plus légère contrariété ?

R. Non, et je sens au contraire que vous pouvez me rendre un service ; interrogez-moi.

D. Alors, pouvez-vous ou voulez-vous me dire si vous avez une inclination ou un projet de mariage sur lesquels vous désirez avoir votre opinion éclairée par l'état où vous êtes ?

R. « Je vois très bien les intentions d'un jeune homme
» que j'ai soigné (en état de somnambulisme) et auquel
» j'ai sauvé la vie. Il avait été abandonné par les méde-
» cins, qui l'avaient envoyé à la campagne parce qu'ils
» n'espéraient plus que dans le bon air et dans sa
» jeunesse pour triompher, peut-être, de son mal qu'ils
» avaient inutilement cherché à combattre.

» Ce jeune homme m'a déjà fait beaucoup de remer-
» cîments, il m'a rétribué plus que nous n'étions convenus ;
» il m'a fait cadeau, en outre, de cette montre et de cette
» belle chaîne en or ; enfin il m'a offert de m'épouser...
» mais je n'ai pas cru à la réalité de cette offre ni
» ma mère non plus... mais j'ai tort, parce qu'il est
» sincère ; il m'aime beaucoup, gagne de l'argent dans
» son commerce et il est plus riche encore que nous ne le
» supposons. — Je voudrais bien voir à mon réveil
» comme maintenant. »

D. C'est très aisé, j'ai deux moyens : soit en vous

le faisant rappeler, ce qui vous fatiguera un peu le cerveau et vous donnera un mal de tête, peu grave, d'ailleurs. Mais cela, peut-être, vous contrariera, en apprenant que vous m'avez confié votre secret intime. Ou bien vous allez écrire tout cela, vous plierez votre papier et vous le mettrez où vous voudrez. Je vous indiquerai seulement le lieu où vous l'aurez placé.

Elle employa ce dernier moyen. A son réveil elle lut son papier qui la surprit beaucoup, et, comme elle hésitait à croire à la véracité de son écrit, je lui fis rappeler, phrase par phrase, toute notre conversation sur laquelle je lui promis un secret absolu.

Lorsqu'à notre retour de la campagne nous la rencontrâmes, elle nous apprit que son mariage avait eu lieu, à la grande joie de tous, ce dont ces dames me remercièrent longtemps et chaleureusement.

La jolie comtesse de B. était très jeune quand elle devint veuve. Le comte d'O., ancien ami de sa famille, la magnétisait, de temps à autre, et il l'endormait assez facilement. Elle ne manquait pas d'une certaine lucidité, surtout pour ce qui la concernait.

Plusieurs fois, à différentes époques, il lui adressa cette question : Le vicomte de *** vous recherche en mariage... Pourquoi le refusez-vous ?...

— Moi... je ne le refuse pas, je vois qu'il est très bien, qu'il m'aime beaucoup, qu'il me rendrait heureuse... sa fortune est au moins aussi grande qu'on me l'a dit... et moi... je ne possède que peu de chose... mais c'est elle qui n'en veut pas.

D.Qui... elle ?

R. L'autre,...

D. Quelle autre ?

R. Mais celle qui va venir à ma place quand vous m'aurez *rendormie*... celle que vous réveillerez à ma place... (nous expliquerons pourquoi elle disait *rendormie* au lieu de *réveillée*, mot adopté par la plus grande partie des somnanbules).

Ainsi cette jeune comtesse se trouvait, pour ainsi dire, dédoublée.

Son *moi* somnambulisé, éveillé dans l'état somnambulique, aurait épousé le vicomte...

Mais son *moi* ordinaire, son *moi* paralysé pendant son état somnambulique ne voulait pas de ce mariage.

Lors donc qu'elle était *réveillée* (suivant l'expression fausse, mais généralement employée) et remise dans son état ordinaire, — elle voulait conserver sa liberté, — point de mariage.

Tel avantageux, tel agréable qu'il dût être pour elle.

Mise en somnambulisme,... c'est-à-dire dans un état qui la rendait plus clairvoyante, ce mariage lui plaisait, la séduisait.

Il y avait donc, dans cette même personne, pour ainsi dire deux êtres qui étaient chacun d'un avis opposé.

Ceci trouvera son explication (en partie du moins) dans le chapitre sixième.

Quant à l'autre partie que nous ne pouvons pas expliquer, nous l'indiquerons afin que ceux qui s'occuperont de somnambulisme après nous, puissent faire des recherches pour découvrir la cause d'un fait qui paraît et qui paraîtra toujours très extraordinaire tant qu'il ne sera pas suffisamment expliqué.

Beaucoup de personnes auxquelles on racontait les singulières réponses de la jeune comtesse de B... n'y voyaient qu'une bizarrerie... quelques-unes en riaient de bon cœur.

Quant à nous, elles nous ont tellement frappé, qu'elles étaient l'objet de nos méditations les plus profondes, de nos recherches les plus actives, et elles nous ont conduit à la découverte d'une partie de la vérité.

Au surplus, ce qui avait lieu chez la comtesse de B... et qui était si frappant chez elle, arrive chez tous les somnambules lucides... mais on n'y faisait pas attention.

A cette époque (déjà lointaine), une somnambule très lucide disait — (quand elle était fatiguée d'avoir été assez longtemps plongée dans son sommeil somnambulique et assez questionnée) : *Endormez-moi !* (comme le faisait la jeune comtesse de B ...). — Plus d'un riait et l'on faisait cette réflexion que, contrairement à tous les autres somnambules, elle disait endormez-moi au lieu de réveillez-moi.

Mais nous, nous trouvions qu'elle était logique ; — car elle disait, avec juste raison : — *Endormez* ... (ce que vous avez éveillé par votre magnétisation... ce qui vient de travailler, de faire des recherches, etc., c'était là ce qu'il fallait sous-entendre).... et quand vous l'aurez endormi,... l'autre qui est là et qui se repose se réveillera.

Voilà ce que cette somnambule ne pouvait pas dire ; mais ce que nous pressentions et ce qui nous la faisait considérer comme étant très logique, en attendant l'explication que nous cherchions toujours avec persévérance. Peut-être ceci ne paraîtra-t-il pas très clair à plus d'un lecteur qui le trouvera expliqué complétement dans le chapitre VI.

Dès cette époque, nous avions remarqué très souvent, et nous étions arrivé à cette conviction :

1° Que le même somnambule n'a pas tous les jours la même lucidité. Elle dépend de son état physique, d'une maladie, d'un simple malaise... de son état moral... d'une contrariété... d'une grande préoccupation...

2° De l'état physique ou moral du magnétiseur.

3° Et principalement des dispositions de l'entourage... des assistants, des consultants...vis-à-vis du somnambule

Malgré eux et à leur insu, ils paralysent, même involontairement, le somnambule, lorsqu'ils lui sont hostiles ou antipathiques... ou encore simplement lorsqu'on doute de leur bonne foi ou de leur clairvoyance !

Et à plus forte raison quand on a, intentionnellement et de parti pris, des dispositions hostiles contre ce somnambule.

En général, il vaut mieux se dispenser de magnétiser celui qui ne se trouve pas dans son état normal.

Évitez de magnétiser les femmes qui sont dans leur *période mensuelle*, car vous pourriez altérer leur santé et surtout arrêter ce qui ne doit pas l'être.

D'ailleurs, leur lucidité est ordinairement moins grande pendant ces jours-là.

Il y a des exceptions, principalement chez celles qui font leur métier d'être endormies tous les jours.

Nous répétons et nous aurons encore l'occasion de redire souvent que la sympathie de l'auditeur, du consultant pour le somnambule, surtout quand elle est réciproque, facilite, aide et augmente même dans une grande proportion la lucidité de celui-ci.

La sympathie ordinaire et la sympathie magnétique sont-elles les mêmes ?

En d'autres termes, peut-on éprouver pour une personne une sympathie ordinaire et avoir contre elle une répulsion magnétique? Nous croyons devoir répondre *oui* en nous basant sur les expériences, sur les observations assez nombreuses que nous avons faites.

Mais nous ne pouvons pas affirmer d'une manière absolue que nous soyons dans le vrai.

D'ailleurs, le plus souvent, l'une de ces sympathies semble suivre l'autre, en être le corollaire ou la conséquence.

Cependant, nous avons bien plus d'une fois éprouvé une certaine sympathie ordinaire pour des personnes que nous *sentions* bien ne pas pouvoir magnétiser, et en cela nous nous sommes bien rarement trompé.

De même, nous avons pu quelquefois endormir des personnes pour lesquelles nous n'avions aucune sympathie, — pas de répulsion non plus.

En général, nous avons été sympathique plus ou moins aux somnambules avec lesquels nous avons été en rapport.

Excepté une jeune femme que l'on considérait généralement comme agréable et sympathique.

Dans son état somnambulique, elle ne pouvait pas

nous supporter, nous ne pouvions pas l'approcher sans qu'elle nous dise : — Eloignez-vous, je ne veux pas vous parler,... je ne vous répondrai pas.

Ceux qui l'entouraient faisaient du magnétisme par curiosité, par amusement, — quelques-uns par désœuvrement, — et il ne nous fut pas possible de l'interroger, ni de lui faire demander les motifs de sa répulsion... La science leur importait trop peu.

Cette espèce d'aversion magnétique se renouvela chaque fois qu'elle était endormie et que nous l'approchions.

Un jour, avant sa magnétisation, nous trouvant seul avec elle, nous l'engageons à nous dire très franchement, très nettement ses sentiments vrais pour nous :

— Ce n'est ni indiscrétion, ni curiosité, lui disions-nous, mais une expérience ;... car vous savez que dans votre sommeil magnétique,... j'ai l'air d'être votre bête noire.

R. — Je le sais et je ne le comprends pas ; car vous ne m'êtes pas antipathique, vous me seriez plutôt indifférent.

D. — Et sous cette indifférence... quel sentiment se trouverait-il à l'état latent ?

R. — Je crois que si je devais éprouver un sentiment quelconque pour vous, ce serait plutôt un peu de sympathie !...

Et une demi-heure après, la somnambule refusait toujours de nous parler.

A la suite d'une grande quantité d'observations, nous avions pu nous rendre compte des causes ou au moins d'une grande partie des causes qui influent sur la lucidité d'un même somnambule et la font varier d'une façon si extraordinaire et si imprévue, comme nous venons de les signaler tout à l'heure ; mais nous n'avions pas encore découvert la loi générale du somnambulisme que nous expliquerons et que nous démontrerons dans le chapitre sixième.

Nous avions même recherché si l'état humide ou sec de l'air pouvait influencer les somnambules comme il influence l'électricité.

Nous avons remarqué qu'il ne pouvait avoir d'action que sur les somnambules maladifs dont la santé (même dans leur état ordinaire) se trouvait modifiée par le froid, la chaleur, l'humidité ou la sécheresse, de sorte que cela rentre dans les cas ci-dessus énumérés sous le n° 1°.

Nous croyons utile de dire ici qu'il y a un certain nombre de personnes qui magnétisent sans le savoir. Nous citerons les mères qui pressent entre leurs bras, avec la plus grande tendresse, leurs enfants malades, qui frictionnent leur tête ou leurs membres endoloris par un coup ou par une chute. Nous n'en excepterons pas les pères tendres pour leurs enfants.

Qu'un ami presse la main d'un malade au moment de ses souffrances, et demandez à celui-ci comment et pourquoi il se sent soulagé ?

Nous avons vu dans notre enfance un paysan ne sachant ni lire, ni écrire, mais dont la main était devenue si adroite qu'il remettait avec la plus grande facilité les membres démis ou cassés. Il avait la main *bonne, saine,* disait-on dans son pays. Le comte de B. se fit remettre, par lui, sa jambe cassée, en présence de son médecin, qui se trouva peu flatté d'assister, pour ainsi dire, un rebouteur qu'il était d'ailleurs chargé de surveiller.

Sa fille, aussi illettrée que son père, hérita de sa main *bonne et saine*. Nous nous sommes adressé à elle pour une foulure au poignet qui nous causait une certaine souffrance : il y avait des nerfs déplacés. Elle *nous pétrit*, suivant son expression, le poignet, non-seulement sans augmenter la douleur, mais en nous faisant éprouver de suite un grand soulagement : en moins de dix minutes, nous étions guéri. Nous lui disons que, en outre de son habileté de main, elle nous avait magnétisé. Elle ne savait pas ce que cela voulait dire... elle n'en avait jamais entendu parler.

Mme Hanot, sage-femme à Enghien-Montmorency, est une excellente et habile masseuse. Elle nous a promptement guéri d'un lumbago qui nous faisait cruellement souffrir ; non-seulement elle nous massait, mais elle nous magnétisait en même temps : nous le sentions parfaitement.

Le savait-elle ?

Le grand désir de soulager, de guérir, qui animait notre brave rebouteuse et Mme Hanot suffit pour que leur fluide vital se dégage au profit de leurs malades, sans les conduire au somnambulisme.

Nous avons remarqué que la sympathie, la déférence, le dévouement, le respect, l'attraction, l'amitié, l'affection des somnambules pour leurs magnétiseurs avaient une tendance à s'augmenter pendant tout le temps de la magnétisation. Mais quand, pour un motif quelconque, on a cessé de les magnétiser pendant un certain temps, nous avons vu quelquefois ces divers sentiments se changer en antipathie, en une espèce de répulsion et même d'hostilité.

C'est pour cela et pour des sentiments de convenance que chacun appréciera que nous engagerons les époux à ne pas se magnétiser entre eux, si ce n'est pour des raisons de santé, pour se guérir ou pour se soulager.

Cette réaction est-elle fréquente chez les somnambules? par quoi est-elle occasionnée? nous ne le savons pas et nous ne voulons faire aucune supposition : c'est à chercher, à expérimenter.

CHAPITRE IV

MARCILLET-ALEXIS

M. Marcillet, suivant ce qu'il a dit souvent devant nous et ce qu'il a fait imprimer et publier quelque part, était un ancien sous-officier de la garde royale, plus tard commissionnaire de roulage, enfin magnétiseur ardent, enthousiaste.

C'était un excellent homme, très dévoué, très serviable, généreux même, enchanté de pouvoir faire du bien, propagateur du magnétisme à outrance.

Dans son intérieur, c'était un père très tendre pour ses quatre enfants, très attaché à sa femme.

(Nous ignorons s'il existe encore, l'ayant perdu de vue

depuis longtemps. Nous l'espérons pour lui, les siens et ses amis...)

Nous l'avons vu chez lui plusieurs fois par semaine, durant ses séances de magnétisme, pendant plus de quinze ans. Jamais nous ne lui avons entendu raconter un fait magnétique qui ne fût pas absolument et rigoureusement vrai; mais il le faisait souvent avec exaltation et enthousiasme, de sorte que ceux de ses auditeurs qui ne le connaissaient pas suffisamment pouvaient croire à une exagération au moins involontaire.

Marcillet en était arrivé à ne plus penser, parler, voir, entendre que du magnétisme.

Sans somnambule, il avait l'air d'un corps sans âme. Mais il n'était complet qu'avec Alexis.

Alexis Didier était alors un jeune homme mince, grêle, très pâle et au regard éteint.

Sa réputation comme somnambule d'une lucidité très extraordinaire et qui ne se démentait pas souvent s'est répandue rapidement, non-seulement à Paris et dans les départements, mais aussi à l'étranger.

Il avait, pour ainsi dire, réunies en lui toutes les facultés somnambuliques.

Marcillet le mettait très facilement en état de catalepsie... lui roidissant un bras faisant angle droit avec le corps et qu'on aurait pu briser... mais non faire plier. Il en faisait autant pour ses deux jambes : lorsqu'il était assis, elles se levaient du parquet, s'allongeaient, devenaient droites et roides et l'on pouvait monter ou s'asseoir sur leur extrémité, vers les pieds, sans pouvoir faire fléchir les genoux; mais il fallait retenir Alexis par les épaules, dans son fauteuil, sans quoi il eût été projeté en avant.

En soufflant dessus, une seule fois, Marcillet faisait cesser, à l'instant même, la roideur de ses membres. Ses cures médicales ont été très connues. Nous n'en parlerons pas parce qu'elles faisaient l'objet de consultations particulières et payantes auxquelles nous n'assistions pas, et que nous ne pouvions pas contrôler. Mais nous savons que les personnes guéries lui en étaient très reconnaissantes.

Nous ne parlerons pas non plus des trésors cachés, des objets enfouis qu'il a pu faire retrouver et qui échappaient à notre examen.

Mais nous raconterons quelques-uns des vols ou des objets perdus qu'il a fait découvrir ou retrouver ; enfin, ce qui s'est passé sous nos yeux, ce dont nous avons été témoin,... en signalant, bien entendu, les erreurs qu'il a pu commettre, et leurs causes lorsque nous avons pu les découvrir.

Marcillet, avons-nous dit, était loyal et de bonne foi, avec une conviction entière et une confiance absolue dans tous les phénomènes magnétiques, même les plus excentriques et les plus inouïs ; tous ceux qui l'ont vu de près et souvent sont unanimes pour lui rendre cette justice.

Mais nous devons reconnaître et avouer, en toute franchise, que ses manières exaltées, son langage parfois exagéré, devaient le faire passer pour un charlatan aux yeux de ceux qui le voyaient pour la première fois.

Vous autres, nous disait-il souvent, vous êtes des savants, des chercheurs, vous voulez connaître les

4

causes des choses surprenantes qui se passent sous vos yeux.

Moi, je n'en demande pas tant, je fais mouvoir la machine sans m'inquiéter de ce qu'elle est. Je donne du fluide et j'en donne encore jusqu'à ce qu'on dorme. Quand on est fatigué, quand ça ne marche plus, j'en donne de nouveau... Si ça ne réussit pas, je dis : ce sera pour une autre fois...

Lorsqu'Alexis donnait, à son auditoire public et gratuit, des preuves incontestables, non équivoques de sa merveilleuse lucidité, Marcillet, tout triomphant, s'approchait d'Alexis et lui disait (d'un ton convaincu, c'est vrai, mais qui pouvait passer pour doctoral et tant soit peu charlatanesque aux yeux des nouveaux venus) : Voilà que ça marche : voyez bien Alexis ! Et vlan, il lui lançait à la figure une poignée de fluide qui lui produisait parfois l'impression d'une aspersion d'eau froide et excitait quelques légères grimaces dont les assistants souriaient.

Marcillet avait un fluide magnétique énergique, abondant et pour ainsi dire inépuisable. Il lui arrivait de magnétiser cinq, six personnes dans son après-midi, et quelquefois un plus grand nombre encore sans paraître le moins du monde fatigué.

Quant à Alexis, nous ne pouvons pas comprendre comment il pouvait avoir la force et la patience de chercher et de trouver souvent toutes les choses futiles, oiseuses, ne pouvant intéresser personne, que lui demandaient un trop grand nombre de ses questionneurs gratuits pendant plusieurs heures.

Par exemple, deux négociants (associés probablement)

du quartier Saint-Martin se font faire pendant une heure la description de leur maison de commerce, les étages, les rayons, le genre de marchandises (leur répondant très juste, ont-ils dit), puis pendant plus d'un quart-d'heure ils le persécutent pour dire ce qui existe dans un angle de la cour. — C'est pourtant facile, ajoutent-ils, c'est très visible (même pour Alexis, qui était à deux kilomètres de cette maison). Cela frappe tous ceux qui entrent dans cette cour. Alexis ne peut voir, malgré des efforts énormes. Ils sont tout désappointés et s'écrient : c'est la niche d'un chien ! Enfin ils font bonne mine au malheureux somnambule exténué de fatigue quand il leur dit que le chien est à côté de la niche, que c'est un chien de chasse... braque... et dont il donne la description exacte... Jubilation !

Nous-même, dans ces séances publiques et gratuites, où nous avons tant observé et appris une certaine quantité de choses, nous prenions tout notre courage, gardant tout notre sang-froid et ne faisant aucune espèce d'observation ni de réflexion.

Les séances publiques et gratuites données avec Alexis avaient lieu une fois par semaine : les unes étaient extrêmement intéressantes, les autres beaucoup moins.

Par exemple, une foule de personnes interrogeaient Alexis sur les lettres qu'elles avaient reçues, et sans les ouvrir, sans les retirer de l'enveloppe, il leur disait de qui venait cette lettre, les principales choses qu'on demandait dans ces écrits, si les personnes se portaient bien, devaient bientôt revenir, faisaient de bonnes affaires, etc., etc. Les questionneurs étaient en général très surpris, très émerveillés de la justesse, de la vérité des réponses d'Alexis.

D'autres fois les réponses se faisaient sur des mèches de cheveux.

Nous raconterons avec quelques détails les choses les plus importantes de ces séances. Nous dirons comment il jouait aux cartes et comment il parvenait à lire quelques mots, quelques lignes dans un livre fermé et à travers dix, trente, quarante pages.

D'autres réunions plus intimes avaient lieu une fois, deux fois par semaine entre les magnétiseurs, les chercheurs, les adeptes et d'autres somnambules qu'Alexis.

Enfin les séances particulières étaient rétribuées au profit de Marcillet, d'Alexis et d'autres somnambules.

Dans nos récits, nous ne suivrons pas d'ordre chronologique, car peu importe qu'un fait de cette nature ait eu lieu tel jour ou tel autre. Seulement nous dirons une fois pour toutes qu'ils se sont passés sous le règne de Louis-Philippe et sous la République de 1848 pour la plupart.

Nous ne parlerons pas de tous les objets retrouvés les uns après les autres, puis de toutes les parties de cartes, etc., etc.

Mais, pour jeter un peu de variété dans nos récits, nous raconterons les faits un peu comme ils nous reviennent en mémoire.

Tous ceux qui ont interrogé des somnambules savent qu'il leur faut un certain temps pour voir, un certain tâtonnement pour trouver. Nous passerons sur la plupart des détails sans intérêt et qui allongeraient trop nos narrations.

Par exemple, un négociant ou un banquier vient (toujours dans une séance publique pour ne rien payer) dire à Alexis : J'ai perdu ou plutôt on m'a volé six mille francs en billets de banque de mille francs chaque ; — il indique quand et comment il les avait reçus, comptés, déposés dans un tiroir de bureau...

Alexis cherche, examine l'appartement de ce monsieur qui demeurait assez loin du lieu de la séance où nous étions et lui dit tout à coup : — Je vois votre voleur... — Comment est-il ? Alexis en fait une description succinte quant à l'âge, aux vêtements. — Où est-il ? — Près de moi. — Comment ? — Oui, c'est vous-même votre propre voleur. — Plaisanterie ? — Non, très-sérieusement : vous avez placé vos six billets de banque dans un tiroir très plein d'autres papiers ; quand vous l'avez ouvert et tiré le lendemain, vos six billets ont glissé au fond, par-dessus la planchette, et ils sont à présent *sous* ce même tiroir.

Ce négociant revint la semaine suivante annoncer qu'il avait retrouvé ses billets dans l'endroit désigné et remercier Alexis de sa clairvoyance.

Ce fait nous en rappelle un autre analogue :

Une comtesse polonaise vient raconter à Alexis qu'elle avait acheté, chez elle, des dentelles à une jeune marchande qui lui avait rendu un billet de banque de cent francs sur la somme donnée en paiement. J'ai mis, dit-elle, ou j'ai cru mettre ce billet dans un tiroir de mon meuble, et je ne le retrouve plus ; on doit me l'avoir pris... — Mais qui? Alexis réfléchit, fait ses recherches et lui dit : —Aucun de vos domestiques ne l'a pris — c'est certain. Je ne crois pas non plus que la marchande vous l'ait dérobé; — il doit être dans votre meuble, — cherchez. — Je l'ai fait plusieurs fois et je vais encore faire des recherches. — La semaine suivante la comtesse revient et dit : J'ai fouillé — retourné tous mes tiroirs et je n'ai rien retrouvé ; — plus que jamais je soupçonne la marchande et j'ai défendu de la laisser entrer chez moi désormais.

Alexis persiste à lui affirmer qu'il ne voit aucun voleur et qu'il ne pense pas que ce billet soit sorti de son meuble.

La jeune marchande congédiée vient, à son tour, consulter Alexis qui lui répète la même chose : Je ne vois pas de voleur et je ne vois pas le billet sorti du meuble.

Alors cette jeune marchande demande à être magnétisée elle-même... on l'endort facilement... elle est lucide... et elle voit (à la distance de plus d'un kilomètre à travers les rues, les maisons, etc.). Elle voit ce billet de cent francs, accroché à une petite pointe saillante au bout du tiroir et hors de ce tiroir du meuble de la comtesse, chez laquelle elle se rend le lendemain en insistant pour être reçue, et là... en présence des domestiques elle raconte tout ce qui lui est arrivé, ce qu'elle a vu, à la comtesse qui enlève le tiroir et aperçoit le billet accroché à l'endroit indiqué : à la grande joie de tous.

Cette marchande, un peu pâle, maigre, d'un tempérament délicat, flegmatique, calme, était extrêmement sensible au fluide magnétique. — Un magnétiseur amateur peu bienveillant, il faut le dire, voulut lui imposer bon gré mal gré une preuve du pouvoir qu'il pourrait prendre sur elle, — lui dit-il, et sans pouvoir l'endormir, parce qu'elle résista de toutes ses forces, il lui accumula sur la tête une telle quantité de fluide que celle-ci en resta endolorie ; ses cheveux eux-mêmes lui faisaient mal ; il lui semblait avoir une large calotte de poix sur la tête... et ce qui lui était le plus pénible, c'est que chaque fois que ce magnétiseur passait devant sa maison, il s'arrêtait en face de son logement et par sa volonté seule, il la forçait de se placer à sa fenêtre ouverte, de le regarder dans la rue, et cela plusieurs fois par jour ; — ce que sa famille, pas plus qu'elle, ne pouvait comprendre.

Nous savions bien qu'assez souvent des somnambules sont attirés, entraînés même, chez leurs magnétiseurs, quelquefois peu volontairement ; mais nous n'avions pas encore été témoin d'un fluide aussi tenace, persistant si longtemps et dont l'effet fût aussi désagréable à la victime, malgré elle.

Elle nous engage à aller chez elle à l'heure à laquelle passait son tyran, pour la première fois vers midi, et pendant que nous causions avec sa famille et elle éloignée de la fenêtre, elle nous dit tout-à-coup :—Je sens qu'il approche, regardez dans la rue, vous allez le voir arriver. —Puis elle se lève pour courir à la croisée... mais d'un geste magnétique impérieux nous l'arrêtons... elle est saisie d'un tremblement nerveux... mais nous la forçons, par notre volonté seule, à retourner s'asseoir à sa place... sans regarder dans la rue... C'était un premier point acquis. Ensuite nous essayons à lui enlever, peu à peu, et avec quelque difficulté, sa teigne, comme elle l'appelait ; mais il nous fallut plusieurs jours d'une démagnétisation, d'un dégagement persévérant et énergique pour la débarrasser complétement de son fluide malveillant et malfaisant.

Il nous est arrivé plus d'une fois de la faire venir chez Marcillet quand nous désirions l'endormir. — Je sens, nous disait-elle, là où je suis, dans la rue ou ailleurs, quelque chose qui m'attire, comme une voix intérieure qui m'appelle et je pars pour venir ici... Mais au moins le faisait-elle gaiement et de bon cœur.

Ces faits ne sont pas rares... mais on les a beaucoup trop généralisés et amplifiés.

Nous avons connu pourtant un magnétiseur dont le fluide était assez énergique pour faire venir chez lui, et bien malgré eux, ceux qu'il avait magnétisés une ou deux fois.

Un jeune capitaine nous avoua, un jour, qu'il venait malgré lui, assister aux séances de ce magnétiseur et s'y donner en spectacle, attiré par une volonté qu'il ne pouvait ni maîtriser ni dominer, ce dont il paraissait extrêmement contrarié.

Le *charme* fût atténué ou rompu lorsqu'il profita d'un congé pour s'éloigner de Paris.

Dans une circonstance analogue, un mari (que nous connaissons) s'étant plaint de ce que sa jeune femme se trouvait également attirée chez un magnétiseur, malgré leur volonté à tous les deux, malgré l'ennui que cela leur faisait éprouver ; nous lui avons magnétisé fortement une bague qui lui servit de talisman et lui rendit toute sa liberté.

En lisant ce qui précède plus d'une personne rira, ou ne croira rien,.. ou se figurera que nous avons été dupe d'imposteurs ou de mauvais plaisants.

Nous leur dirons : Faites comme nous, voyez, examinez, étudiez, observez — et vous serez bien obligés de croire.

Comme conseil, nous vous engagerons, si vous vous portez bien, s'il n'y a pour vous aucune nécessité, à ne pas vous laisser magnétiser, — surtout par le premier venu.

Si vous avez besoin d'un magnétiseur... agissez comme pour un médecin ; faites choix de quelqu'un d'honnête, sérieux et expérimenté au point de vue du magnétisme.

Revenons à Alexis pour rapporter un fait dont nous avons été témoin, et qui, croyons-nous, a dû être publié dans des journaux de 1850.

La femme du propriétaire d'un des principaux magasins de nouveautés de Paris vient trouver Alexis qui lui dit de suite :—Vous me paraissez, madame, très-affectée de la perte de votre montre et de sa chaîne... Je le comprends, votre montre était petite et fort jolie... Je vois le nom de l'horloger inscrit sur la cuvette... et il le lui indique, au grand étonnement de l'assistance, assez nombreuse ce jour-là... Maintenant, dit Alexis, racontez-moi les circonstances de la perte ou du vol...— Hier, je suis allée à Neuilly...: et je suis descendue de la voiture près du pont.

Ce n'est que plus tard, étant rentrée à Paris, que je me suis aperçue de la disparition de ma montre.

Alexis. — Vous aviez votre montre dans la voiture —

je le vois. — Rép. Sans doute, car j'ai regardé l'heure avant de payer le cocher. — *Al.* — Vous n'aviez plus votre montre quand vous avez payé le cocher. — Rép. Alors, c'est lui qui me l'a prise. — *Al.* Non — le cocher s'en va et il n'a pas votre montre... ni vous non plus. — D. Alors qu'est-elle devenue? — *Al.* Je cherche... (après quelques instants)... Ah! je vois quelqu'un qui la ramasse... c'est... c'est un soldat. — C'est bien vague, dit un des assistants : quel est son régiment? — *Al.* La ligne... je vois son schako... un n° 7... puis un autre... 5 — cela fait 75, non... attendez... c'est 57 — oui 57. — Ne dites rien, j'entends qu'on l'appelle... Vin... Vin — cent. Oui, c'est bien Vincent. — Où est-il en garnison? — Alexis cherche et il lui est impossible de l'indiquer.

Cette dame s'en va aussi surprise que satisfaite. Son mari court au ministère de la guerre où il apprend que le 57ᵉ de ligne est caserné à Courbevoie. Le lendemain Mme X*** arrive à la caserne, raconte toutes ces prévisions au commandant du régiment qui lui dit : Je ne crois pas beaucoup à la véracité de toutes ces révélations somnambuliques... mais je n'ai rien à refuser à une belle et aimable dame comme vous.

Un coup de tambour réunit ses hommes et il leur dit : J'ordonne la visite de tous les sacs...

Un soldat quitte son rang, s'avance vers le commandant, en lui faisant le salut militaire, et il lui dit : S'il s'agit d'une petite montre de femme... c'est moi qui l'ai trouvée avant-hier au pont de Neuilly... — Va la chercher — Vous autres, rompez les rangs.

M. le commandant, dit Mme X***, veuillez lui demander s'il ne se nomme pas Vincent?

Le soldat rapporte la montre que Mme X*** reconnaît comme étant la sienne ; il s'excuse de ce que son service ne lui a pas donné le temps de rechercher la propriétaire de ce bijou... Quel est ton nom? — Vincent, mon com'dant — qui fut bien étonné !!!

Tels sont les faits dont nous avons été témoin, à cette époque déjà lointaine et dont nous nous rappelons très bien les détails aujourd'hui 1876 (car cette dame était revenue chez Marcillet nous raconter les détails et le succès de ses démarches).

A cette époque nous nous sommes demandé et nous nous demandons encore, sans pouvoir y répondre: Pourquoi Alexis ne voyait pas la montre tombée à terre quand il la voyait dans la voiture et qu'il était certain qu'elle n'était plus à la ceinture de cette dame quand elle payait le cocher ?

Pourquoi il voyait si bien le n° 57 du régiment, il entendait si exactement le nom de Vincent et qu'il ne pouvait pas voir la caserne ?

Mais s'il a si bien vu de suite, et avant de l'interroger, ce que cette dame venait lui demander, c'est évidemment, suivant nous, parce qu'elle lui était sympathique.

Nous avons toujours remarqué qu'Alexis, ainsi que tous les somnambules, étaient infiniment plus lucides, voyaient plus sûrement et plus promptement avec les personnes qui leur étaient sympathiques ou qui étaient indulgentes ou bienveillantes pour eux, qu'avec les autres, surtout avec celles incrédules, moqueuses ou hostiles.

Un changeur de monnaie du quartier Vivienne raconte

ceci à Alexis (toujours en séance publique) : un étranger se présente chez moi pour changer des valeurs russes et anglaises contre de la monnaie française (pour plusieurs milliers de francs, si nous nous souvenons bien). Après son départ, je m'aperçois qu'il me manque 1,500 francs ? — Me les a-t-il pris ? Ai-je commis une erreur ? — A quelle nation appartient-il (il parle très bien le français) ? Quel est son nom ? Où demeure-t-il ?

Alexis cherche pendant un certain temps, — puis il dit successivement ceci : — Votre étranger était arrivé à Paris le matin du jour où il s'est présenté chez vous... Je ne vois pas qu'il emporte autre chose que ce que vous lui avez remis...

Je le suis au sortir de chez vous.... je ne peux voir ni son nom... ni celui de son hôtel...

Mais vous irez sur la façade de l'église de la Madeleine, vous vous dirigerez sur le côté (droit ou gauche, nous ne savons plus lequel, ce qui importe peu d'ailleurs), vous compterez jusqu'à la 6ᵉ (ou 7ᵉ colonne ou autre nombre), vous tournerez le dos à cette colonne et vous verrez juste en face de vous la maison dans laquelle il demeure... demandez l'étranger qui est arrivé (tel... jour) à neuf heures du matin.

Le changeur suit toutes ces indications et il arrive chez l'étranger qu'il ne reconnaît pas et auquel il adresse toutes ses excuses... Celui-ci sourit, et avec une grande politesse, lui dit : Mais je vous reconnais bien... moi... vous êtes le changeur de... auquel je me suis adressé tel... jour, et il ôte une perruque blonde de sa tête ; alors le changeur le reconnaît aussi.

— Maintenant, que me voulez-vous ? — J'ai fait une

erreur de 1,500 francs à mon préjudice, dit le changeur.
— Hé bien, réplique l'étranger, refaites votre compte et nous allons vérifier, car j'ai mis dans ce coffret, sans le compter, tout l'argent et les billets que vous m'avez remis.

Vérification faite, il y avait 1,500 francs de trop que le changeur, fort satisfait, remporta.

Ici, même question à laquelle nous ne pouvons pas répondre. — Pourquoi Alexis voyait-il mieux la colonne de l'église de la Madeleine, vis-à-vis de la maison occupée par cet étranger, plutôt que le nom de la rue et le numéro de cette maison ?

Nous ne pourrions pas dire la quantité d'objets de toute sorte; d'animaux ; — chiens, — chats, qu'Alexis a aidé à retrouver.

A une dame qui regrettait énormément son petit chien — il dit : Promenez-vous de trois à quatre heures, rue... et vous le verrez...

— Pourquoi cette rue et cette heure ? — Parce que c'est là qu'à trois heures après-midi il a été trouvé par une pauvre femme qui y revient à la même heure, tous les jours, dans l'espoir d'y rencontrer la maîtresse de ce petit animal, et d'avoir une récompense.

Pourtant Alexis n'a pas *tout* fait retrouver; ainsi il lui a été impossible de donner le moindre renseignement sur un vol commis dans leur maison même. Il a pu dire seulement :

— Les voleurs sont étrangers à la maison...

Pourquoi sa lucidité habituelle a-t-elle été mise en défaut dans cette circonstance?.. Il n'a pas été, non plus, sans commettre des erreurs.

Nous signalerons une partie de celles (peu nombreuses d'ailleurs), dont nous avons été témoin.

Mais auparavant, nous parlerons d'un autre ordre de faits.

Après avoir employé un certain temps à ces recherches, on mettait des bandeaux sur les yeux d'Alexis, ce qui était absolument inutile, attendu qu'ils étaient toujours convulsés comme cela arrive à presque tous les somnambules. C'est-à-dire que ses pupilles étaient remontées jusque sous le haut des paupières, de sorte que quand on soulevait les paupières on ne voyait que le blanc de ses yeux. Ainsi donc, ceux-ci ne pouvaient voir, distinguer quoi que soit.

Malgré cela, et pour satisfaire les assistants, on lui mettait un large et épais foulard sur les yeux et le plus souvent entre ses yeux et le foulard, on plaçait deux énormes tampons de ouate (ou coton cardé).

Les assistants se chargeaient de cette besogne.

Et quand un des spectateurs émettait le plus léger doute, on le priait de placer lui-même ces tampons de ouate, qui couvraient depuis le milieu du front jusqu'au milieu des joues, et on les retenait par un foulard couvrant un œil, en passant par la tempe droite et le bas de la joue gauche, et par un autre foulard formant une croix de Saint-André, couvrant l'autre œil, en passant par la tempe gauche et le bas de la joue droite.

De sorte qu'on ne voyait plus de front, mais seulement l'extrémité du nez et la bouche pour sa respiration.

Dans cet état, la tête du trop patient Alexis avait l'air de ces têtes de Turc sur lesquelles on exerce son poing.

Un monsieur trouva un jour que ce n'était pas encore suffisant pour empêcher Alexis de voir à travers ces trois obstacles superposés. — Réclamation générale contre lui. — Mais Marcillet lui proposa de suite d'y ajouter lui-même ce que bon lui semblerait. Alors ce monsieur tire de sa poche un foulard, qu'il demande à mettre par dessus les deux autres ; — ce qui lui est accordé: — Attendez, lui dit Marcillet d'un air narquois, je vais chercher encore autre chose, et il lui apporte une carde de coton. Le même monsieur en fait deux énormes boulets qu'il place au-dessus des deux yeux, par dessus les autres tampons et les foulards, et il recouvre le tout avec le sien.

Enfin il se déclare satisfait et il convient qu'Alexis est mis dans l'impossibilité la plus absolue de se servir de ses yeux fermés en outre par leurs paupières naturelles.

Puis il prend dans une poche un livre broché, non coupé et qui venait de paraître ; il coupe un feuillet et il le présente ouvert à Alexis qui lit assez couramment, et sans trop chercher, plusieurs phrases du roman placé devant lui. Le monsieur est étonné, ébahi, tous admirent Alexis. Celui-ci se sentant bien lucide, et sûr de lui, propose d'essayer de lire ce même livre à travers plusieurs pages. Lisez, s'empresse-t-on de lui dire, lisez à travers quarante pages sur la quarante et unième, à partir de celle où le livre est ouvert.

Alexis accepte, prend son crayon, trace deux barres horizontales sur la page de sa droite et dit : Je vais lire sur la quarante et unième page demandée ce qui est imprimé dans l'espace correspondant à celui qui se trouve entre les deux lignes par moi tracées sur cette page-ci.

Il lit sans hésiter le premier mot qu'il écrit lui-même avec son crayon sur une feuille de papier, puis il nomme successivement lettre par lettre quelquefois deux, trois, assez vite, les mots suivants, et il les écrit au fur et à mesure, en mettant au commencement de chaque ligne le mot qui s'y trouve imprimé dans le livre.

Trois lignes lues et transcrites ainsi sont comparées et trouvées scrupuleusement exactes avec les trois lignes de la page indiquée. C'était donc une lucidité manifeste, sans réplique, sans doute possible et qui étonna prodigieusement tous les assistants.

Lire à travers quarante pages et à travers tous les mots imprimés sur les rectos et versos de ces quarante pages !

Le monsieur stupéfait ne savait que dire, il s'attendait à un échec du somnambule ou à la découverte d'une ruse, d'un truc, que sait-on ? Au lieu de cela, c'était une clairvoyance merveilleuse, flagrante, incontestable, reconnue, proclamée par tout le monde !

Il compte plusieurs fois les pages et dit, tout triomphant : Il y a quarante-deux pages et Alexis a lu sur la quarante-deuxième au lieu de la quarante et unième, mais tout le monde lui réplique : — Ce serait une difficulté de plus, puisqu'il y aurait une page de plus.

Nous prenons le livre, nous comptons à notre tour, et nous faisons remarquer à tous les assistants très nombreux ce jour-là, que vers la quinzième page un chapitre se terminait au haut du recto, que le surplus de ce recto et tout le verso étaient blancs, non imprimés, et que c'était sans doute, pour ce motif, qu'Alexis n'en avait pas tenu compte, quand il avait calculé, *sans y toucher, sans les tourner*, le nombre de pages imprimées à travers lesquelles il devait lire sur la suivante et à l'endroit correspondant à celui marqué sur le livre.

La page blanche ne comptant pas, étant nulle pour Alexis, il avait réellement lu sur la quarante et unième page imprimée, à travers quarante pages aussi imprimées, ce qui parut merveilleux et incompréhensible à tous.

On proposa du reste à ce monsieur de se laisser clore les yeux avec son propre foulard et d'essayer à lire un seul mot de son livre ; — ou bien, avec ses yeux bien ouverts, de lire un mot à travers une *seule* page de son même livre, — ce qu'il se garda bien d'accepter, et il se retira paraissant plus désappointé que ravi.

Nous avons vu Alexis plusieurs autres fois lire encore à travers un certain nombre de pages imprimées ; mais cela m'a toujours semblé difficile et fatigant pour lui de ne pas confondre les pages les unes avec les autres. Mais à travers des pages non imprimées ou du papier blanc, et à travers tous ses bandeaux, bien entendu, cela lui était beaucoup plus aisé.

Dans le chapitre sixième nous expliquerons comment se fait cette vue... vision, comme on voudra l'appeler.

Mais continuons la narration des expériences les plus intéressantes dont le souvenir nous est resté.

Nous avons dit que (les yeux bandés par les foulards doublés de coton) Alexis lisait facilement les lettres qu'on lui remettait, ou au moins en disait-il la substance.

Cette lettre n'est pas sincère, disait-il quelquefois, la

personne qui l'écrit ne croit pas beaucoup à tout ce qui s'y trouve...

Votre fils, répondait-il à une maman, est en garnison à...., il se porte mieux qu'il ne l'écrit; il a moins besoin d'argent qu'il n'en demande,..., c'est pour s'amuser avec les camarades..., les pioupious (ajoutait-t-il gaiement) appellent cela tirer une carotte.

Que de fois Alexis n'a-t-il pas vu l'intention vraie de celui qui écrivait les lettres qu'on lui présentait !

Pour les *lire*, si vous voulez appeler cela lire, il ouvrait la lettre et il passait sa main dessus (comme s'il eût voulu enlever de la poudre attachée à l'écriture), s'il ne voyait pas assez de cette façon, il posait la lettre ouverte sur le sommet de son front et parfois sur sa tête, alors il savait le contenu de la lettre.

Les somnambules, avons-nous dit déjà, ont les yeux clos, ou plutôt l'organe de la vision atrophié, paralysé si vous voulez, momentanément; en un mot, la vision par les yeux est chez eux suspendue, ou si vous le préférez, nous dirons qu'elle est déplacée.

Il y a des somnambules qui ne *voient* (puisque c'est l'expression reçue, consacrée) que par l'extrémité des doigts, comme les aveugles, d'autres par la main, un grand nombre par l'estomac (c'est donc sur le *creux* de cet organe qu'ils placent l'objet qu'ils veulent voir), qui, sur la tête, qui, derrière la tête, à l'occiput, qui, derrière le dos... C'est plus rare.

Nous tâcherons d'expliquer ce qui paraît si bizarre.

Allez dans une institution d'aveugles et tous vous parlent sans cesse de *voir*.

—Prenez garde à une chaise qui est dans votre passage, disons-nous à l'un d'eux qui nous répond : **Je l'ai vue en venant...** Oui, avec son genou.

Demandez à un tisserand ou à un ouvrier quelconque (aveugle) comment il s'aperçoit quand un fil est cassé. — C'est bien facile, dit-il, je le vois de suite et il passe ses doigts sur la chaîne. Ils voient donc à leur manière, et les somnambules aussi.

Un jeune notaire de Paris, de nos amis, se plaisait aux expériences d'Alexis et il aimait à le mettre quelquefois à l'épreuve. Il lui présente un paquet dont l'intérieur ne pouvait pas laisser deviner ce qu'il contenait. Après un certain temps : — Ce sont des cheveux (dit Alexis avec ses yeux tamponnés et couverts de foulards)... d'une personne qui vous aimait beaucoup, beaucoup... elle est morte il y a environ... ans... ses cheveux sont gris... elle vous appartenait de près... elle a le même sang que vous... (Le mot de mère ne lui venait pas, le notaire le lui dit et il développa tous les papiers qui dissimulaient ces cheveux.)

Avec le même, un autre jour... Ce paquet renferme un objet en métal... en or... rond... on le met au doigt. Le mot bague ne lui arrivait pas.., on le lui dit. — Est-ce un bijou neuf ? demande le notaire. — *Alexis.* Non, il est vieux, bien vieux. — D. Dix ans, vingt ans ? — Ah ! reprend Alexis, vingt siècles, vous voulez dire... il est bien plus vieux que les Romains... que les Grecs... il vient d'au delà de la Méditerranée... il est si vieux qu'il me faut remonter très loin et faire beaucoup de recherches pour savoir à qui cette bague a appartenu.

— Cela me suffit, dit le notaire, je ne veux pas vous fatiguer et abuser de votre temps... Cette bague a été prise... au doigt d'une momie égyptienne... Et en disant cela, il enleva les papiers, ouvrit une petite boîte en carton et retira de la ouate ce curieux bijou qu'il montra à toute l'assistance.

Nous rapportons ces deux faits qui confirment la grande lucidité d'Alexis, parce que notre confiance en celui qui l'interrogeait était absolue.

Souvent Alexis faisait une assez longue description avant de trouver le mot propre d'un objet même commun et usuel, comme une table, une cheminée. Alors le mieux était de l'aider en pareil cas, puisqu'il avait trouvé, découvert la *chose*. Mais ce ne sont pas seulement les objets situés près de lui qu'il voyait, tels cachés, tels dissimulés qu'ils fussent. C'est souvent bien loin qu'on l'envoyait, qu'on le faisait voyager mentalement.

Beaucoup de personnes sont venues redire, affirmer chez Marcillet que les choses *vues* par Alexis de Paris, dans les provinces les plus éloignées — et à l'étranger même, existaient ou s'étaient passées comme il l'avait dit.

Ces personnes n'avaient absolument aucun intérêt à venir nous dire ce qui eût été contraire à la vérité.

Un Turc à Alexis : — Voyez-vous mon palais à Constantinople ? — Oui. — Faites-en la description... c'est très bien... Voyez-vous ma favorite ?... Quel costume ?... Bien ! que fait-elle ?... Elle est assise presque couchée... un homme entre... (le Turc pâlit)... Que fait-il ?... — Il a un bouquet à la main... (le Turc devient vert — et sa main semble chercher le manche d'un poignard heureusement absent)... — Mais, dit vivement le Turc, en serrant les dents.., quelle taille a cet homme?... et son costume ? A ces réponses que nous ne transcrivons pas, mais qui lui paraissent exactes, — cet étranger se calme de plus en plus, et lorsque Alexis, à une dernière question, répond que cet homme est noir... le bon Turc est soulagé, sourit et dit : — C'est l'eunuque.

Ce seigneur déclara que toutes les descriptions d'Alexis étaient exactes... mais il aurait été utile de savoir, en outre, si ce noir avait remis à la favorite un bouquet à cette heure-là.

Une des grandes réputations d'Alexis était celle de joueur de cartes incomparable ; car il *voyait* à travers ses tampons, bandeaux, etc., et à travers les cartes elles-mêmes, le jeu de son partenaire.

Le jeu terminait ordinairement les séances.

Un respectable curé de campagne lui demande, aussitôt entré dans le salon, ce qu'il a dans ses poches : Vous avez, lui répond Alexis, un mouchoir de poche de coton à carreaux rouges... et puis... et puis une tabatière en argent... carrée longue... un peu plate... Je vois qu'avant de venir ici, vous êtes entré tout à l'heure, il y a à peine dix minutes, chez le marchand de tabac du faubourg Montmartre pour y faire remplir votre tabatière, et puis vous y avez acheté un jeu de cartes neuf, bien entendu, et qui est aussi dans votre poche, en vous disant : Ce malin d'Alexis que je ne connais pas et dont on m'a tant parlé et tant raconté, joue sans doute avec ses cartes qu'il connait au toucher, mais je vais bien l'attraper en le faisant jouer avec mes cartes neuves...—C'est pourtant vrai, dit le bon curé étonné, j'ai fait et dit tout cela (à part moi) rue du faubourg Montmartre, tout à l'heure.

Eh bien, puisque vous avez les yeux si bien calfeutrés, voulez-vous faire une partie d'écarté ?

Le curé s'assied en face d'Alexis, déchire l'enveloppe de ses cartes neuves, les bat, mêle, fait couper et il en fait la distribution, comme bon lui semble, pour faire une partie d'écarté. — Alexis se tenait à une petite distance de la table, les deux mains sur ses genoux, — ne touchant pas à ses cartes. — Ne montrez pas la retourne, dit-il, avant que je ne vous apprenne qu'elle sera la dame de carreau — ce qui eut lieu.

—M. le curé, dit Alexis, je vais vous demander des cartes et vous allez accepter parce que vous avez un mauvais jeu (lequel était resté sur la table). — Vous avez telle... telle carte... il lui nomme les cinq cartes. Levez-les maintenant... vous prenez telle carte... à présent telle autre, et il les lui nomme à mesure que le curé les prend et celui-ci reconnaît qu'Alexis ne se trompait pas une seule fois.

Maintenant, dit Alexis, je ne veux ni retourner ni toucher mes cartes que je connais bien. — Je jette la première à gauche qui est... prenez-la... montrez-la... (exact), la deuxième idem. Je garderai la troisième que je ne vous nommerai pas, prenez et montrez la quatrième qui est... enfin la cinquième qui est le roi de trèfle, je le jette parce que je vois que la quatrième des cartes que vous allez me distribuer sera le roi d'atout; montrez-le à tout le monde.

Maintenant à votre tour : Combien de cartes prendrez-vous ? — Le *curé*. Trois — C'est juste, vous gardez vos deux rois... mais je vois que vous n'aurez pas plus beau jeu qu'à présent. Cependant si vous aviez jeté une quatrième carte, vous auriez eu le sept d'atout pour la remplacer.

Prenez votre jeu, faites comme vous voudrez ; car je gagne inévitablement. — Je sais mes cartes sans avoir besoin de les prendre en main ni de les toucher, et il gagna le premier coup : à la grande stupéfaction du curé et de ceux qui voyaient Alexis pour la première fois.

Alexis donne ensuite les cartes et le curé gagne, comme il le lui annonce d'avance, mais celui-ci perd tout le reste (— on ne jouait jamais d'argent bien entendu).

Il nous semble entendre encore ce brave homme dire avec une émotion profonde : — On m'avait souvent parlé avec grand éloge d'Alexis comme d'une merveille — mais il dépasse de beaucoup tout ce qu'on m'avait dit, et tout ce que je pouvais imaginer.

Il est vrai qu'Alexis était d'une grande lucidité, ce jour-là, probablement parce que M. le curé était ravi, radieux, et qu'il avait l'air si sympathique à Alexis.

Quand son partenaire était raide, grincheux, vexé de perdre, de ne pas pouvoir surprendre Alexis en défaut, celui-ci voyait un moins grand nombre de cartes, surtout dans celles du paquet restant à distribuer, et il évitait de les nommer d'avance. Avec cette merveilleuse faculté, Alexis ne pouvait perdre que rarement.

Il gagna même Robert-Houdin qui fut très-surpris de la grande lucidité d'Alexis. — Je pourrais, disait-il. enseigner à Alexis mes tours, mes trucs et il parviendrait à réussir comme moi... mais jamais, jamais je ne pourrai exécuter ce qu'il fait, cela dépasse toute imagination.

Nous nous rappelons encore qu'en mai 1847, on a publié une lettre de ce savant prestidigitateur, qui déclarait que le hasard ou l'adresse ne pouvaient pas produire des effets aussi merveilleux.

A peu près à cette époque, on raconta que Robert-Houdin remit une lettre d'un de ses amis à Alexis, qui lui dit : Il vous trompe, défiez-vous de lui,... et que cet ami lui vola une somme importante.

Nous avons vu des joueurs se fâcher contre Alexis. C'était d'un comique achevé. — Celui-ci jubilait; nous ne lui avons jamais vu commettre une erreur au jeu.

Nous avons dit plus haut qu'un certain nombre de somnambules voyaient, lisaient à l'aide du creux de l'estomac, de l'épigastre — (tel bizarre que ce soit).

Nous avons répété plus d'une fois que la sympathie aidait la lucidité, — qu'elle pouvait même la développer.

En voici un exemple de plus :

Dans un petit amphithéâtre de la rue Lamartine se réunissait un groupe, une association de magnétiseurs et leurs somnambules. Là, ils les exhibaient dans des séances publiques pour donner des preuves de leur lucidité.

Nous y sommes allé quelquefois, pour notre instruction personnelle; car nous n'avons jamais fait partie d'aucune société magnétique... (nous pouvons même ajouter d'aucune société quelle qu'elle fût, ni scientifique, ni littéraire, ni religieuse, ni politique, etc., etc., ayant toujours voulu conserver notre liberté entière et complète.

Dans ces séances, entr'autres choses, on faisait écrire, par qui le désirait, un seul nom sur un morceau de papier plié en quatre et déposé dans un chapeau par le premier venu. Un des membres du bureau prenait un de ces papiers, au hasard, le remettait à une somnambule qui, les yeux soigneusement bandés avec des mouchoirs ou foulards, dépliait ce papier tout près de son épigastre, l'appliquait dessus, et lisait plus ou moins vite, plus ou moins facilement le mot écrit — le disait à haute voix, et on passait le papier aux assistants pour vérifier l'exactitude de la lecture.

Un monsieur demande impérieusement que son papier (qu'il désigne) soit remis à la somnambule, en ajoutant qu'on ne lui donne sans doute que ceux de ses compères ; réclamation générale, apostrophes véhémentes au monsieur qui adresse quelques mots d'excuses. — On cherche et on finit par trouver son papier ; on le remet à la somnambule qui l'applique à son épigastre et finit, après un certain temps et après des efforts évidents, par lire ab... abra... abracadabra, le mot du monsieur manifestement peu satisfait.

A la séance suivante, nous remarquons le même homme et nous l'entendons dire que tout cela n'est que charlatanisme, qu'il y a des trucs qu'il saurait bien découvrir et qu'enfin il avait écrit un mot que la somnambule ne lirait certainement pas.

Au moment venu, le monsieur passe un papier beaucoup plus grand que les autres, plié en quatre, et qui arrive entre nos mains. Avant de le passer au chapeau, nous le déplions, lisons le mot Nabuchodonosor, dont nous chargeons chaque lettre de fluide, dans le but de les rendre très faciles à lire.., et envoi à sa destination sans rien dire à personne.

Après la lecture d'une demi-douzaine de papiers, le monsieur se lève et demande, poliment cette fois, mais instamment, la lecture de son billet, très reconnaissable, dit-il, le plus grand de tous.

On fait droit à sa demande et il regarde tout le monde d'un air triomphant... La somnambule, en détournant même la tête, pour montrer à tous qu'elle ne voulait pas chercher à se servir de ses yeux, — ce qui lui était d'ailleurs absolument impossible, — déplie le papier tout près d'elle, l'applique à son épigastre et lit immédiatement, avec la plus grande facilité et même avec volubilité : Nabuchodonosor.

Le monsieur stupéfait, furieux, quitte la salle dans laquelle il ne revint plus.

Généralement, dans toutes ces séances publiques, nous restions à l'écart; spectateur muet, inactif, mais très attentif. Seulement nous avons toujours cherché à déjouer les mauvais desseins, à paralyser les mauvaises actions ou intentions. Nous savions que nous n'avions pas de jongleries, de trucs à protéger; mais des faits vrais, réels, incontestables, que nous voulions laisser se manifester dans toute leur sincérité.

Si nous aimions tant à nous instruire nous-même, nous devions faciliter l'instruction des autres.

Dans cette circonstance, qu'avons-nous fait? Nous savions, par des expériences précédentes faites chez elle avec son mari, que notre fluide était sympathique à cette somnambule.

Nous avons voulu essayer si le mot Nabuchodonosor, écrit évidemment avec la volonté qu'il ne fût pas lu, pourrait devenir lisible, lumineux, pour ainsi dire, pour cette somnambule, en le chargeant de notre magnétisme, et nous avons eu un plein et entier succès.

Plus d'une fois nous avons répété cette expérience, et toujours nous avons réussi.

Dans ses séances particulières, en petit comité, avec son mari et quelques-uns de leurs amis et connaissances, auxquelles nous avons pu assister quelquefois, — nous avons été témoin de faits bien curieux.

Par exemple, on prenait un verre d'eau plus ou moins grand, plus ou moins plein, et à la volonté, sur l'indication d'un des assistants, l'eau de ce verre prenait l'odeur, le goût (pour la somnambule seulement), de café, chocolat, thé, vin blanc ou rouge, ou d'une liqueur indiquée; — il suffisait pour cela d'un peu de fluide de son magnétiseur.

Cette somnambule non prévenue et qui ne pouvait prévoir la volonté de celui qui demandait cette transformation — sentait l'odeur du chocolat, du café, du rhum, de l'eau-de-vie... avant même d'en approcher ses lèvres... Elle buvait l'eau... et la liqueur qu'elle paraissait avaler, un peu malgré elle... semblait lui porter à la tête.

Si le lecteur suppose que nous devions être dupe d'une jonglerie et de notre crédulité, nous demanderons pourquoi cette charlatanerie? — Dans quel intérêt? dans quel but? — Surtout vis-à-vis de nous tous qui avions été témoins, plus d'une fois, du même phénomène, se répétant avec d'autres somnambules, et qui, d'ailleurs, avions vu des faits magnétiques certains, indubitables, bien plus extraordinaires — bien plus difficiles à croire que celui-là.

Son magnétiseur engageait toujours à ne pas lui demander des choses qui se passaient ou existaient soit en Angleterre, soit en Algérie, parce que la traversée mentale lui donnait le mal de mer complet, ce qui était très pénible pour elle et peu agréable pour les assistants. — Nous lui avons enseigné ce qu'il fallait faire pour lui éviter ce mal qu'elle redoutait tant, et avec juste raison, et elle en était quitte pour un haut-le-cœur — aussitôt comprimé.

Nous avons vu d'autres somnambules qui, en pareil voyage mental, avaient seulement des douleurs d'estomac.

Plus d'un lecteur se refusera à croire ces faits pourtant bien réels mais peu expliqués.

Nous l'approuverons et nous lui dirons: «Faites ce que » nous avons fait ;—nous n'avons jamais nié aucun phé» nomène ;... mais nous avons dit: Nous désirons *voir*... » plusieurs fois... et différentes personnes... avant de » croire... avant d'être convaincu. »

Au surplus, nous l'avons déjà dit sous toutes les formes : Nous sommes absolument certain d'être dans le vrai.

Mais nous ne voulons imposer nos convictions à personne; nous cherchons à éclairer et à instruire ceux de bonne volonté.

Nous comprenons difficilement comment, dans ces séances publiques, les somnambules pouvaient obtenir tant de succès et si peu d'échecs au milieu de tant de volontés diverses pas toutes bienveillantes, loin de là : au milieu des rires, des plaisanteries, des quolibets, des moqueries, même, qui devaient les troubler, les interdire, les paralyser.

Nous avons entendu plus d'une fois Alexis interrompu au milieu de ses recherches les plus graves, les plus sérieuses, dire : Il y a là quelqu'un dans la salle qui me gène bien ; — il le fait exprès…. qu'il est agaçant ! — Mais la séance était publique… il ne devait pas le signaler… on ne pouvait pas le renvoyer.

Aussi, quand son auditoire était attentif et bienveillant pour lui… comme il était remarquable, extraordinaire dans sa lucidité ! — Un fait nous revient ; — mais avant d'en parler, disons que le fameux prix Burdin, dont on a tant parlé, fait tant de bruit… a toujours été regardé comme une plaisanterie par tous ceux qui se sont occupés de magnétisme.

Il s'agissait de donner 3,000 fr. de récompense à celui qui aurait lu sans le secours des yeux…

Ce qu'Alexis, Mlle Pigeaire et bien d'autres auraient gagné cent fois.

Mais il fallait lire au milieu de personnes (pour ne pas nommer leur profession) intéressées et décidées par leur volonté contraire à empêcher le pari d'être gagné.

On ne voulait pas accepter l'expérience dans un milieu

bienveillant, même avec toutes les précautions et les garanties possibles.

Quand tout le monde fut édifié, le prix fut retiré.

On avait envoyé d'un château du Midi, à Alexis, de la terre, des pierres, du mortier pris en différents endroits, pour l'aider à chercher un trésor que des héritiers de l'ancien propriétaire y croyaient caché. Sur les indications d'Alexis, on ne trouva pas de trésor, mais des cachettes dans lesquelles on en avait vraisemblablement déposé... puis retiré.

Une des héritières, assez contrariée de cette déception, vient à Paris pour interroger ce somnambule qu'elle harcèle, fatigue et indispose tellement qu'avec elle sa lucidité ordinaire semble évanouie.

— Alexis, dit-elle un jour, qu'y a-t-il dans cette boîte (avec un accent gascon et goguenard)? Celui-ci répond d'un air impatienté et distrait: — Vos paquets de terre et de pierre pour la découverte de votre trésor... Et cette femme toute triomphante ouvre sa boîte et me montre des ronds d'un navet qu'elle venait d'acheter et de tailler chez une fruitière.

— Ceci me prouve, lui dis-je, qu'Alexis vous est antipathique, que vous le paralysez et qu'il ne verra rien avec vous. — Voulez-vous parier avec moi un sac de bonbons contre douze cigares à votre choix, qu'Alexis verra *bien* ce que j'aurai voulu et peu ou point ce que j'aurai *décidé*. Vous banderez mes yeux; je mettrai mes mains derrière mon dos, vous y placerez des objets bien enveloppés de papier ou d'autre chose et je les renfermerai, séparément, dans deux boîtes après que vous m'aurez indiqué les objets qu'il devra voir, ceux de la main droite ou de la gauche. Je fermerai les boîtes sans les regarder, puisqu'elles resteront derrière mon dos; une personne que vous aurez choisie les soumettra à Alexis qui verra et dira ce qui est dans l'une et pas dans l'autre. Ce qui a eu lieu et prouve qu'on peut quelquefois exciter ou paralyser la lucidité d'un somnambule.

Nous avons répété plus d'une fois cette expérience de plusieurs manières en réussissant toujours.

Nous n'avons pas besoin de dire que si on peut diminuer, annihiler, pour ainsi dire, la clairvoyance d'un somnambule, on ne peut pas lui en donner quand il n'en a pas. — Du moins nous ne connaissons aucun moyen pour cela.

Voici une des preuves de lucidité d'Alexis qui fit une grande sensation dans le salon de Marcillet :

Au nombre (assez grand) des assistans de ce jour-là se trouve un jeune homme blond, silencieux, qui nous semble être un étranger. Il regarde curieusement Alexis, examine comment on calfeutre ses yeux, suit tous les interrogatoires qu'il subit, écoute sa lecture des lettres, des papiers qu'on lui remet, et puis il demande à Marcillet l'autorisation de mettre dans la main du somnambule un paquet qu'il montre. — Cela fait, il se met à l'écart et il ne quitte plus des yeux Alexis. — Quant à nous, nous ne perdons pas de vue cet étranger qui ne prononce pas une parole.

Le paquet était assez gros et assez ficelé pour qu'on ne puisse pas soupçonner ce qu'il contenait.

Alexis le laisse dans sa main, le porte un instant sur

sa tête, près du front, réfléchit, cherche et dit: Il y a dans ce paquet un objet en métal... en fer... ou plutôt en acier... ça coupe... (un couteau, lui dit quelqu'un). — Non, dit Alexis, pas un couteau ordinaire... on s'en servait... pour couper de la chair humaine... (un scalpel, dit un autre,... pour disséquer). — Le jeune étranger ne disait rien... mais il ne perdait pas un mot... Je le pris pour un étudiant en médecine.

— Non, reprit Alexis... pas de la chair morte... de la chair vivante... (alors un bistouri, dit-on, venant d'un médecin). Non, ce n'est pas encore cela, s'écria Alexis impatienté (l'étranger était vivement ému); je cherche... Ah! il servait à faire des anges...

Exclamation générale... rires de la plupart des spectateurs!

Le jeune homme devient pâle, puis rougit, une transpiration abondante inonde son visage. (On faisait peu d'attention à lui.)

Alexis reprend: Oui... c'est bien cela... pour faire des anges... Le propriétaire s'emparait des enfants,... il les tuait pour les envoyer dans le paradis;.. quand il surprenait un homme ou une femme endormis dans un bois ou dans un endroit écarté,... il leur coupait le cou... ou il leur enfonçait ce petit couteau dans le cœur,... pour en faire des anges,... disait-il.

(Comme Papavoine à Vincennes, s'écria-t-on!)

A qui appartenait ce couteau? — A quelqu'un, pas de Paris, dit Alexis, du Nord. — D. — De Lille,... de Valenciennes? — R. — Plus loin. — D. — De Belgique?

— Plus loin; — de Hollande? — Plus loin! Ah... de Suède, je vois.

L'étranger se lève, essuie sa figure et d'une voix entrecoupée par l'émotion, il dit: Ce n'est pas la peine qu'Alexis en cherche davantage!... Il a tout vu,... tout dit; c'est la vérité.

Ce petit couteau (en disant cela, il ôtait tous les papiers et il le montrait) appartenait à notre Papavoine suédois qui attirait les enfants pour les tuer et *en faire des anges*... Il coupait le cou, ou il perforait le cœur des hommes ou des femmes qu'il surprenait endormis, pour en faire des anges.

On finit par le soupçonner de tant de meurtres; on le surveilla et on le surprit coupant le cou à une pauvre femme endormie au coin d'un bois. Il fut arrêté, mis en jugement, condamné à mort et exécuté sans qu'on n'ait pu obtenir de lui d'autre motif que celui *de faire des anges* et sans qu'on ait pu découvrir avec quoi il assassinait ses victimes.

L'exécuteur, après sa mort, donna ses vêtements à un agent de police qui l'avait assisté et aidé.

Celui-ci les remit à un tailleur pour les découdre et en faire un vêtement pour son petit garçon.

Ce tailleur découvrit ce petit couteau soigneusement caché dans la doublure de l'habit... et il le restitua à l'agent auquel je l'ai acheté et mis de côté sans en parler à personne, parce que je voulais venir à Paris et surtout le remettre, bien soigneusement enveloppé et dissimulé, à Alexis dont j'avais beaucoup entendu parler .. Je pensais que ce serait une merveille s'il pouvait dire à quoi servait ce couteau unique au monde, et que personne (si ce n'est l'agent de police) ne savait être entre mes mains. Jugez de mon étonnement, de ma stupéfaction, lorsque j'ai entendu Alexis découvrir peu à peu, mais d'une manière si sûre... toute la vérité!... Et il ne se lassait pas d'admirer Alexis... et il avait grandement raison!!!

Il faut bien le dire, tous les spectateurs ont été également très émus de ces révélations.

La lame de ce petit instrument était très tranchante, fine, aiguë comme comme celle d'un petit couteau poignard et assez semblable au stylet corse.

Si les témoins de pareils faits ne sont pas intimement convaincus de la réalité, de l'existence du magnétisme et de la lucidité du somnambule,... alors que leur faudrat-il pour croire?

Qui oserait dire qu'Alexis n'aurait pas mérité le prix Burdin, haut la main, ne fut-ce que ce jour-là?

Dans le chapitre suivant, nous rapporterons encore un autre exemple de lucidité bien extraordinaire d'Alexis; mais nous raconterons d'abord l'une de ses erreurs.

Nous pensons que la narration d'un trop grand nombre de faits pourrait fatiguer les lecteurs sans augmenter leur conviction.

CHAPITRE V.

ERREURS DES SOMNAMBULES. — LEURS CAUSES.

Une maîtresse de pension de l'ancienne banlieue, avant l'annexion, demande à Alexis, — Qui a volé une montre chez moi ? —Votre sous-maîtresse — lui dit-il..

Celle-ci renvoie sa sous-maîtresse et la signale même au commissaire de police de son quartier.

Le commissaire, homme prudent, sur cette simple affirmation, et sans preuve ni commencement de preuve, ne veut pas poursuivre cette jeune fille dont il connaissait la probité ainsi que celle de ses parents, habitants de son voisinage.

La jeune fille apprend de qui vient l'accusation et arrive près d'Alexis, indignée, furieuse au point que celui-ci refuse de l'écouter.

Elle revient un autre jour,... même refus.

Alors elle demande à être endormie et personne n'y peut réussir... Une somnambule déclara qu'il faudrait beaucoup de temps et la magnétiser plus d'une fois avant d'obtenir son sommeil somnambulique.

Nous connaissions tous sa position... la probité était tellement peinte sur sa physionomie, qu'aucun de nous ne pouvait croire qu'à dix-huit ans elle aurait perdu sa position, sa réputation et son avenir pour une montre d'argent.

Elle se désolait... nous lui proposons d'essayer à la magnétiser. — Elle accepte avec empressement... et après une heure et demie d'efforts continus... au moment où les forces allaient nous manquer... elle s'endort. Mais après l'avoir laissée se reposer pendant un quart-d'heure, — elle nous déclare qu'elle ne voit rien... elle n'était pas lucide, elle ne peut même pas dire si la clair-voyance lui viendrait un jour.

La malheureuse était anéantie par ce contre-temps.

Alors nous lui disons : Revenez ici demain, vous y trouverez une somnambule très-lucide qu'Alexis endormi ne peut pas souffrir et qui le lui rend bien;... puisqu'Alexis refuse de faire des recherches avec vous... il est très-probable que celle-ci le fera avec empressement.

En effet, le lendemain, la jeune sous-maîtresse est mise en rapport avec Mlle Maria.. endormie, qui lui dit : Alexis a trop d'amour-propre pour convenir jamais d'une erreur qu'il aura commise,... vous n'avez pas volé la montre,... je le vois... je vais chercher.

(Disons ici entre parenthèse que les somnambules ont généralement beaucoup d'amour-propre, de l'orgueil même.., ils aiment que l'on croie à leur infailllibilité.)

Enfin Maria dit : La cuisinière de votre établissement vous en veut beaucoup (je ne chercherai pas pourquoi); mais elle a fait tout au monde pour vous faire renvoyer de la pension. C'est elle qui a persuadé, affirmé à la maî-tresse que vous aviez volé cette montre ; tandis que c'est la cuisinière elle-même qui l'a soustraite et cachée dans sa boîte de bois blanc placée dans sa mansarde. Je la vois sous sa troisième chemise. Tout cela a été vu et dit successivement et avec assez de rapidité.

La jeune fille radieuse part comme un trait... court chez ses parents... puis, avec eux, chez le commissaire de police... Elle raconte toutes ses tribulations, ses mécomptes... puis enfin cette dernière révélation avec l'endroit précis où se trouve l'objet dérobé.

Le commissaire, cette fois, se croit, avec juste raison, *obligé* de vérifier un fait si nettement articulé. Il va avec la jeune fille et ses parents chez la maîtresse de pension à laquelle il déclare son intention d'interroger la cuisinière qui est mandée de suite, et subit un interrogatoire sommaire. — Avez-vous connaissance qu'une montre, etc.? Je désirerais visiter votre chambre, dit le commissaire, — Très-volontiers. — Et tout le monde de monter à la mansarde. — La cuisinière paraissait tranquille. Le commissaire après sa perquisition dans les meubles fait un pas vers la porte pour se retirer... (la cuisinière était radieuse). — Mais, dit-il, comme se ravisant : je n'ai pas visité cette caisse,... veuillez l'ouvrir? — Je n'ai pas la clef. — Qu'à cela ne tienne reprend le commissaire, qu'on aille chercher un serrurier... ce sera bien vite ouvert. — La cuisinière cherche et finit par trouver la clef... dans sa poche... Elle ouvre sa boîte et veut prendre ses chemises toutes ensemble pour les porter sur son lit. — Non, — dit avec fermeté le commissaire édifié sur tous ses mouvements, le soin de visiter cette boîte me regarde ; tendez vos bras... Et il pose dessus les chemises l'une après l'autre, en les comptant : une, deux, trois... et la montre d'argent paraît sur la quatrième.

6

La jeune fille revint nous dire cet heureux résultat et nous remercier avec effusion. — Maintenant, nous dit-elle, les larmes aux yeux, — je ne craindrai plus de regarder en face mes connaissances,... mes amies,... mes parents mêmes. Je ne croirai plus qu'on peut me montrer au doigt... J'ai assez souffert... depuis cette fausse accusation.

Nous ne savons pas quel a été le résultat de cette découverte... nous ne nous en sommes pas occupé.

Mais revenons à ce qui concerne le magnétisme. Que s'est-il passé entre la maîtresse de pension et Alexis ? Pourquoi celui-ci a-t-il commis une erreur si grave ? le voici : tous les somnambules lucides voient, avec une certaine facilité, dans la pensée de ceux qui les consultent, et, soit paresse, soit entraînement ou tout autre motif, ils sont généralement disposés à accepter comme vrai et à répéter tout haut ce que le consultant pense tout bas, surtout lorsque celui-ci est ou paraît très convaincu d'être dans la vérité.

Ainsi, un vol ou une soustraction de montre est commis dans cette pension ; — voilà un premier fait qui est vrai. — La cuisinière a le talent de persuader, de convaincre, peut-être, la maîtresse que cette soustraction a été faite par la sous-maîtresse ; celle-là arrive près d'Alexis avec cette idée fixe, préconçue, formulée dans son cerveau : *la sous-maîtresse voleuse.*

Alexis, paresseux, ou fatigué, ou indifférent, ou peu sympathique à la maîtresse et peut-être à la sous-maîtresse, ou peut-être encore dominé par la conviction intime, profonde de la maîtresse dans la pensée de laquelle il lit : *sous-maîtresse voleuse*... le redit tout haut... et l'erreur est continuée, et, de plus, elle est confirmée d'une manière fâcheuse.

La jeune fille arrive ensuite avec un sentiment d'hostilité bien naturel contre Alexis. Celui-ci ne veut pas l'écouter d'autant plus que c'était en public et que son amour-propre et sa réputation étaient en jeu.

En particulier les choses se seraient passées différemment, et il est probable qu'Alexis aurait cherché et trouvé la vérité comme l'a fait Mlle Maria.

Nous avons remarqué, observé très souvent que les somnambules ont une grande propension à suivre les idées, les pensées de ceux qui les consultent, ce qui est la preuve la plus incontestable de leur lucidité : Voir dans la pensée d'autrui, quel homme peut le faire ? si ce n'est un somnambule ?

Mais cela est aussi une source d'erreurs inévitables et que quantité de magnétiseurs ne savent ni découvrir, ni paralyser.

Une somnambule que nous consultions et à laquelle nous avions révélé tout ce que nous savions en la priant de chercher le reste nous dit tout à coup : Comme votre pensée est mobile ! je ne peux pas la suivre... — Assurément, lui disons-nous.. et c'est à dessein... nous allons vous faire voyager loin et vite... voyez... la rade de Constantinople... les minarets. — Non... c'est la rade d'Alger... la ville dominée par la Casba. — Celle de Naples... *capo di monte*. — Londres, les docks... la tour, etc.

— Croyez-vous, lui disons-nous sévèrement, que nous venons vous consulter pour que vous nous disiez ce que nous savons, ce que nous pensons... cherchez donc la vérité et dites-nous ce que vous aurez trouvé, sans quoi nous vous quittons. — Elle fit des recherches et elle nous donna satisfaction.

Ainsi faut-il agir avec tous les somnambules qu'on veut consulter si l'on veut éviter cette erreur si grave et bien plus fréquente qu'on ne le croit généralement.

La plupart des somnambules prennent la main de leur consultant pour bien se mettre en rapport avec lui ; ensuite ils lui disent tout ce qu'ils voient dans la *pensée* de celui-ci, qui est étonné, émerveillé de la consultation, et il s'extasie sur leur lucidité : tandis que pour s'éviter des recherches et de la fatigue, ces somnambules s'en rapportent à cette pensée qu'ils *voient* avec une grande facilité et qu'ils répètent tout haut. Si le consultant est dans le vrai, il n'y a pas d'inconvénient ; seulement il n'aura appris que ce qu'il savait, ce qu'il pensait, et s'il était dans l'erreur... elle se perpétue et le consultant s'égare dans la fausse route, ce qui peut devenir dangereux, surtout s'il y a des remèdes à faire, un régime à suivre pour des malades.

Il est donc bien évident que les idées, les pensées se gravent dans le cerveau, puisque les somnambules les voient avec tant de facilité. Nous savons tous que c'est dans ce magasin que nous allons les déposer ou les chercher quand nous en avons besoin.

En outre chacun a le sentiment ou au moins le pressentiment que le siége de la mémoire réside dans le cer veau. Nous parlons en général et de toutes les espèces de mémoires. Ainsi un arbre, une maison sont devant nous, leur image pénètre par l'œil jusqu'à la rétine, et telle indifférente que nous soit cette image, elle fera sur le cerveau une impression *ineffaçable :* seulement il pourra arriver que cette impression reste ensevelie (pour ainsi dire) sous d'autres impressions plus vives qui la feront oublier.

Ceci nous a été confirmé par une somnambule ; voici dans quelle circonstance :

Avant l'un de nos voyages en Italie, nous visitons Montpellier. Après notre dîner, nous fumons un cigare sur la belle et grande promenade du Peyrou en pensant à la triste destinée de Mme Lafarge, dont la prison était sous nos yeux.

A cette heure-là il n'y avait dans cette avenue qu'une jeune fille et une jeune femme se promenant ensemble en sens inverse de nous, de sorte qu'en les croisant trois ou quatre fois nous avons pu les remarquer : l'une d'elles avait une physionomie intelligente et des cheveux de cette couleur ardente qui revenait à la mode ; mais ce qui attirait notre regard, en passant, c'est que nous pressentions, dès lors, que nous devions la revoir plus tard. Quant à elles, leurs yeux se tournèrent vers nous une fois ou deux tout au plus. Ces impressions furent donc de part et d'autre très légères et devaient être très fugitives.

Neuf ou dix mois après nous retrouvons l'une d'elles à Paris, mais sans pouvoir nous rappeler où et quand nous l'avions déjà aperçue, elle-même ne se souvenait de rien. Mais aussitôt qu'elle fut mise en état de somnambulisme, elle nous aida dans notre recherche pour retrouver Montpellier... promenade du Peyrou, en ajoutant que si elle n'avait pas la lucidité de son somnambulisme il lui serait de toute impossibilité de retrouver le souvenir de ce fait, qui l'avait peu frappée ; mais que toute impression faite sur le cerveau, telle légère qu'elle fût, restait ineffaçable pendant toute la vie... sans qu'il fût possible de se rappeler toutes les impressions.

Alexis et Marcillet étaient de temps à autre invités à faire leurs expériences dans les salons, soit de la bourgeoisie, soit de la finance, soit de l'aristocratie, voire même quelquefois chez de hauts et puissants personnages.

Pour notre compte personnel (et sans l'avoir jamais témoigné à qui que ce soit), nous voyions avec peine le magnétisme tomber à l'état de curiosité, d'amusement ni plus ni moins qu'une lanterne magique, des tours d'adresse, d'escamotage ou une exhibition d'oiseaux savants comme ceux qui étaient si bien instruits par la charmante fée aux oiseaux.

Cependant nous devons reconnaître que c'était un moyen de propager la connaissance du magnétisme animal. Si ces deux messieurs étaient les points de mire des quolibets, des moqueries inconscientes et ignorantes de quelques-uns, d'autres avaient l'imagination frappée, la croyance ébranlée par les phénomènes dont ils avaient été témoins.

Ainsi une bonne, une excellente grand'mère voyait, avec le plus grand chagrin, sa petite fille dépérir tous les jours. Elle consulte une quantité de médecins, des plus instruits ; l'un d'eux lui dit : J'ai examiné avec soin votre enfant, ainsi que la santé, la constitution de son père, de sa mère et même de ses grand'pères et grand'mères des deux côtés. Je vois que cette petite fille, d'une bonne constitution, est très-nerveuse et excessivement impressionnable... elle a hérité du tempérament de...,

Suivant moi sa maladie, devenue très grave, ne doit provenir que d'une grande frayeur qu'elle a dû éprouver un jour... il y a longtemps... avant le début de son ma qui n'en est que la conséquence.

Cette bonne maman veut avoir le cœur net de cette révélation et, en souvenir d'Alexis, elle se rend chez une somnambule avec un petit bonnet porté par son enfant. Elle lui dit ce qu'elle sait, l'opinion des médecins, surtout celle du dernier. La somnambule cherche et lui dit : A telle époque (il y avait un peu plus d'un an), la nourrice pose l'enfant sur le bord du lit de sa mère et l'y laisse un instant, parce qu'un domestique l'appelle; la petite fille fait un mouvement et roule du lit sur le tapis à terre. Elle ne se fait pas beaucoup de mal, mais elle a une peur effroyable qui (suivant l'expression vulgaire, lui a fait tourner le sang. Vous avez dû remarquer que depuis cette époque, elle devenait de plus en plus pâle, nerveuse, agitée pour un rien, perdant l'appétit, digérant mal, tournant à l'anémie.

Cependant le printemps arrivé et l'air de la campagne où vous l'avez emmenée la faisaient revenir peu à peu à du calme et à une meilleure santé, lorsque cette petite fille eut les doigts pris près du chambranle d'une porte qu'on fermait. Son mal ne fut pas très grand, mais sa frayeur fut extrême... et depuis cette dernière secousse, elle dépérit de plus en plus.

La nourrice stupéfaite de ces révélations avoua que tout était vrai, qu'elle n'avait rien dit de peur d'être grondée, que l'enfant lui paraissait n'avoir ressenti que peu de mal ; mais il était trop tard pour apporter un remède efficace et l'enfant ne tarda pas à succomber.

M. l'amiral L..., qui demeurait alors dans le quartier Saint-Georges, rencontra au faubourg Saint-Germain, dans une nombreuse et brillante soirée, Marcillet et Alexis qui, comme toujours, étonnaient, émerveillaient les uns et faisaient rire les autres.

Désirant éprouver la lucidité de celui-ci, l'amiral lui demande la description de son appartement, mais le somnambule se trompe de tout point pour la distribution des pièces, pour la couleur de l'ameublement, etc. L'amiral ne fait aucune réflexion, et il allait cesser de lui adresser des questions lorsqu'Alexis lui dit : A tel endroit de votre salon, je vois votre portrait qui est bien beau et d'une ressemblance parfaite (ce qui était exact), la peinture est splendide... et la figure de dessus est bien plus ressemblante que celle de dessous.

Cette dernière phrase d'Alexis frappe l'amiral qui réfléchit chez lui ; il a entendu dire qu'Alexis donnait souvent des preuves d'une lucidité extraordinaire, lui-même en a été témoin plusieurs fois. Enfin, un jour, il veut savoir à quoi s'en tenir, et il en parle à l'artiste lui-même (Ary Scheffer, si notre souvenir est exact); celui-ci fort étonné lui répondit: Alexis a dit la vérité. A votre retour de l'expédition de… j'ai remarqué que votre portrait ne rendait pas exactement l'expression habituelle de votre figure, et sous prétexte de retoucher votre habit (qui du reste n'avait rien à faire), sans vous en rien dire, et pour que… malgré vous, vous ne composiez pas votre figure, je vous ai fait raconter votre voyage et votre campagne, et j'ai peint, en entier, une nouvelle figure par dessus l'ancienne… Alexis a donc *vu* ce que Dieu seul et moi nous savions !!!

Nous tenons ce fait de l'amiral lui-même qui, croyons-nous, l'a dit à peu de personnes. — Marcillet et Alexis l'ont peut-être ignoré.

Comment s'est-il fait qu'Alexis ait si bien *vu* ces deux figures superposées dont personne ne pouvait supposer l'existence ?

Comment ne voyait-il pas ce qui était relativement plus facile… les meubles… et tous les objets en évidence ?

Nous ne trouvons qu'une explication possible. C'est que le peintre était sympathique au somnambule qui a vu tous les détails, même les plus secrets, les plus cachés de son œuvre : tandis que l'amiral et sa famille ne l'étaient pas, et qu'il ne pouvait pas voir les objets appartenant à ceux-ci parce qu'ils étaient imprégnés de leur fluide.

Maintenant, il nous serait bien plus difficile de dire pourquoi l'amiral L. aurait été peu sympathique à Alexis, — lui si franc, si loyal, si affable, avide de science et nullement hostile à ce somnambule ? Madame l'amirale était fort belle et plaisait généralement à tout le monde.

Si cette explication ne convient pas à nos lecteurs,

nous serions grandement satisfait qu'on put en trouver une autre... ce qui ne nous paraît nullement impossible.

Mais en attendant, nous avons remarqué trop souvent, et nous pouvons assurer que ce défaut de sympathie peut nuire beaucoup aux recherches et au succès de la clair-voyance des somnambules, que parfois elle peut la paralyser même malgré eux.

Ce n'est pas seulement sur les somnambules que la sympathie fait sentir ses effets; mais aussi sur les personnes (non magnétisées) qui se produisent ou qui parlent en public. Les deux grandes tragédiennes du temps de Talma, Mlles Duchesnois et Bourgoin, disaient, devant nous, dans une réunion d'auteurs : ... Lorsqu'on lève la toile pour la première fois de la soirée, nous sentons, à l'air qui nous vient de la salle de spectacle (au Théâtre-Français), si le public est bien ou mal disposé pour nous; s'il doit nous être sympathique ou non dans cette soirée; et cela réagit tellement sur nous, que nous en sommes électrisées ou paralysées pour toute la durée de la tragédie.

Ceci nous frappa tellement que nous ne l'avons jamais oublié.—Presque tous les avocats, les acteurs, les prédicateurs que nous avons interrogés à ce sujet nous ont dit: Non-seulement il y a des jours, des moments où nous sommes plus ou moins entrains, préparés à parler ou à jouer; mais il nous semble que nos auditeurs n'ont pas toujours la même disposition pour nous écouter.

Un excellent curé de campagne nous a répété plus d'une fois : « Dans mon village, à quelques personnes » près, j'ai toujours les mêmes paroissiens à ma messe.

» Ehbien, quand je suis arrivé à ma chaire, je sens à
» l'air qui m'entoure si l'on m'écoutera facilement, atten-
» tivement, avec plaisir ou non ; et j'en suis tellement
» surexcité ou anéanti, pour ainsi dire, que les idées, les
» expressions m'abondent... ou que je ne trouve rien à
» dire... Alors je me réfugie dans les lieux communs qui
» me fatiguent pour le moins autant que mes fidèles. »

Les salles s'imprègnent-elles du fluide des orateurs, chanteurs, acteurs ? Nous serions tenté de le croire. Même avant le lever du rideau, et avant l'arrivée de l'acteur, nous n'avons jamais été impressionné, au Théâtre-Français, du temps des Talma, Mars, Rachel et autres célébrités, de la même manière que nous l'étions aux théâtres du Palais-Royal, des Variétés, du Gymnase, du temps des Pothier, Bouffé, Brunet, Odry, etc., etc. Sans bien s'en rendre compte, fût-on seul dans la salle, on se sent le rire venir aux lèvres au Palais-Royal, et la gravité envahir le front au Théâtre-Français ; quelle que soit la gaieté de la pièce, on ne rira jamais dans ce dernier théâtre de la même manière que dans le premier. — C'est un fait. — Mais pourquoi ?

Nous étions étudiant lorsqu'on donna au théâtre de l'Odéon une représentation au bénéfice d'un acteur, père de Mlle Mars, qui y joua avec Talma et toutes les célébrités des Théâtre-Français, Opéra, Italiens, Opéra-Comique ; Vaudeville, chant, danse, etc.

Elle commença à cinq heures du soir pour finir à deux heures du matin.

Cette salle semblait trop grande pour les artistes du Vaudeville, trop petite pour ceux de l'Opéra, — ils n'étaient plus chez eux, ils ne paraissaient pas y être à l'aise ; — telle a été l'impression d'un grand nombre de spectateurs.

C'était vrai... mais depuis, nous avons pensé que cela pouvait provenir aussi de la salle même qui n'était pas *habituée* à ce genre de spectacle.

Ceci paraîtra singulier, mais il vaut la peine d'être observé, étudié.

CHAPITRE VI

CE QU'EST LE MAGNÉTISME ANIMAL

Les découvertes les plus simples, les plus faciles, les plus belles ont mis tant de difficultés et de temps à être faites que chacun se demande, après coup, comment on a pu rester si longtemps sans les connaître.

L'action des courants électriques sur les aimants et réciproquement une fois connue, combien de personnes n'ont-elles pas pensé à l'utiliser pour envoyer des signaux au loin ; mais il fallait pouvoir varier ces signaux à volonté, c'est ce qu'elles n'ont pas trouvé, ni nous non plus.

Ce n'est qu'un assez grand nombre d'années après qu'un Américain, guidé par son génie ou par le hasard peut-être, découvrit ce petit appareil si simple qu'il ressemble presque à un joujou d'enfant... et si puissant qu'il envoie un signe aux distances terrestres les plus éloignées avec une vitesse de soixante-quinze mille lieues par seconde, me disait-on, dans ma jeunesse, évaluée plus tard à quatre-vingt mille et peut-être à cent mille, aujourd'hui, avec les appareils perfectionnés.

Et pourtant, au moment de cette découverte, que de gens niaient sa réalité ?

Un journaliste, se faisant l'écho de cette incrédulité presque générale, publia ceci : L'inventeur télégraphie à sa fiancée : *amour* ; celle-ci, qui ne comprend pas plus que nous répond, par le même procédé : *du flan*.

Depuis la découverte du magnétisme animal, faite ou retrouvée par Mesmer, combien d'incrédulités, de plaisanteries, de pasquinades ? Il faut qu'il ait eu un cachet de vérité bien évident pour y avoir résisté, sans compter un assez bon nombre de persécutions de toute espèce.

Il est vrai que ce magnétisme révélait des faits si extraordinaires ou plutôt si en dehors de toutes les idées reçues, admises, qu'il paraissait trop difficile, impossible même de les croire.

Il est vrai que personne ne pouvait les expliquer ni dire pourquoi ils se produisaient.

Il est vrai que les plus instruits, les plus savants en magnétisme, ceux qui se présentaient comme professeurs, annonçaient dans leurs cours, dans leurs leçons, des faits qui ne se produisaient pas ce jour-là, et qu'on voyait arriver des choses non prévues, non prédites ; ce qui diminuait bien involontairement la croyance des auditeurs.

Il fallait, pour rétablir ou rassurer cette croyance, ou

pour la faire naître, une grande quantité d'autres faits soumis à leur appréciation.

Le salon de Marcillet était instructif pour ceux qui y étaient admis, ceux qui étudiaient tous ces phénomènes, qui cherchaient à s'en rendre compte, à se les expliquer à eux-mêmes sans réflexion ni contrôle d'autrui. Lui-même n'était qu'un maître de maison pour eux ; il n'étalait pas son savoir-faire ; il ne disait pas : je vais vous montrer ceci, vous verrez se manifester cela. Il donnait avec la plus grande simplicité, nous pourrions dire avec toute modestie (malgré son enthousiasme tout naturel), des flots de son fluide, et chacun pouvait voir et se rendre compte des effets souvent bien merveilleux qu'il produisait.

A force de recherches, là et ailleurs pendant quinze années et même plus, nous avons pu nous écrier un jour : *Eureka* ! je l'ai trouvé !

Et cela nous a paru si simple, si naturel, si facile, que nous nous sommes demandé sérieusement : Pourquoi et comment nous n'avions pas *vu* cela dès le commencement ? A peu près à la même époque, d'autres magnétiseurs l'ont également trouvé en France et en Amérique. C'était, pour ainsi dire, une révélation. Cependant, un grand nombre de magnétiseurs l'ignore encore à présent. Les plus célèbres, les plus connus affirment même dans leurs ouvrages, dit-on, *qu'on ignore* ce qu'est le magnétisme et qu'un siècle se passera peut-être avant qu'on ne le découvre.

Pour bien nous faire comprendre, il faut une bonne définition, bien claire et que tout lecteur puisse admettre

Nous comprenons, nous admettons la discussion sur des faits, des choses, mais non pas sur des mots auxquels chacun prétendrait octroyer un sens fantaisiste pour le vain plaisir de discuter ou même de disputer. Cela nous a toujours paru puéril, oiseux et trop souvent odieux.

L'homme (et la femme aussi, bien entendu) est composé :

1° D'un corps ou matière comprenant la chair, les os, cheveux, muscles, nerfs, veines, artères, sang, liquides divers, etc., etc.

2° D'une âme, *mens*, *anima*, intellect, flamme divine, esprit ou autre nom que vous connaîtriez et qui vous plairait mieux.

3° Du fluide magnétique ou fluide vital, ou vie organique, ou corps sidéral, ou lumière astrale. (Il y a peut-être d'autre désignation que nous ignorons.)

Il n'y a absolument et rigoureusement que ces trois choses que chacun reconnaîtra sous son nom d'adoption ou de prédilection.

Ainsi trois choses : *corps, âme, fluide vital* ou, si vous le préférez : *matière, intelligence, vie.*

Nous adopterons comme étant plus claire et ne prêtant à aucune équivoque, à aucune amphibologie, ces trois désignations : corps, âme, fluide vital.

Si l'un de nos lecteurs n'admet pas ceci, qu'il veuille bien fermer le livre et le jeter dans un coin. Le *corps* se voit, se touche, ... *l'âme* ne se définit pas. Quant au *fluide vital*, qui constitue la vie proprement dite, il sert de trait d'union entre le corps et l'âme ; il les réunit, il les soude, pour ainsi dire, l'un à l'autre ; il leur sert de lien, si vous le préférez.

Celui qui a du fluide vital en excès, en surabondance, peut magnétiser.

Celui qui souffre, est maladif, malingre, délicat, faible de complexion ; en un mot, celui qui a du fluide vital en moins pourra être magnétisé, surtout par celui dont le fluide aura de l'analogie, du rapport, de la sympathie avec le sien, et il en éprouvera du soulagement.

Les somnambules lucides voient la couleur du fluide vital. Jaune d'or ordinairement quand il est abondant, énergique ; bleu de ciel, d'un beau bleu quand il est doux, bienfaisant ; gris, grisâtre, gris pâle quand il vient d'un magnétiseur faible ou affaibli, fatigué. Ils ne confondront jamais l'eau ordinaire avec l'eau magnétisée, puisque celle-ci sera toujours colorée. Ils voient ce fluide s'échapper des mains, des doigts surtout, en petites gerbes lumineuses, colorées.

Quant à nous, nous le sentons parfaitement s'échapper de nos mains, et c'est pour cela qu'en passant notre main au-dessus d'une personne malade, sans lui toucher, nous pourrons sentir et lui dire si elle a mal à la tête, à la gorge, à la poitrine, etc., pourvu que le mal aie une certaine intensité, une certaine gravité. — Il y en a, dit-on, qui ont le fluide d'une main d'une autre couleur, d'une autre qualité que le fluide de l'autre main. Il y aura à rechercher si cela arrive souvent ou accidentellement, et si chaque main serait comme les pôles de l'électricité ou d'un aimant.

Lorsque vous avez reçu un coup, une contusion, qui aura produit une ecchymose, c'est-à-dire une tumeur formée par l'infiltration du sang dans l'épaisseur de la peau (nous citons cet exemple parce que les choses ont lieu visiblement), on fait passer un peu de fluide vital dans cette tumeur, à travers les tissus. Ce fluide arrive au sang devenu noirâtre et stagnant, il lui redonne de la fluidité, il rétablit sa couleur normale (rouge). Les petits vaisseaux aplatis, écrasés, reprennent peu à peu leur élasticité, ils se gonflent comme auparavant et le sang peut y circuler de nouveau. La tumeur dégonflée s'aplatit peu à peu et la peau reprend graduellement sa couleur habituelle.

Quand ce coup vient d'être reçu, que la tumeur vient de se former, nous l'avons vue disparaître aux trois quarts en quinze minutes de magnétisation ; ensuite elle revenait au bout d'une demi-heure, une heure, mais beaucoup moins grosse et moins noire ; après une seconde magnétisation de quelques minutes, elle diminuait en grande partie pour reparaître encore une fois, mais plus pâle, et disparaître complétement sans laisser aucune trace à la troisième magnétisation ; rarement a-t-on besoin d'une quatrième.

Quand la tumeur est plus ancienne, il faut plus de temps et un plus grand nombre de *passes* pour la faire disparaître — dans tous les cas on diminue ou bien on supprime rapidement la douleur — et c'est le principal.

Nous avons employé le mot *magnétisation* ou action de magnétiser que nous avons peut-être un peu fabriqué... mais qui a sa raison d'être.

Nous serons peut-être obligé d'en créer d'autres qui manquent dans cette science si nouvelle et encore si peu connue, si peu admise, que des auteurs très intelligents de dictionnaires modernes, très bien faits d'ailleurs, se croient obligés de donner une définition comme celle-ci : « Magnétisme animal, influence vraie ou *supposée* » qu'un homme peut exercer sur un autre homme, au » moyen de mouvements appelés passes; » et quatre-vingt-dix-neuf personnes, au moins, sur cent approuveront la sagesse et la prudence de cette définition, et la centième qui sera nous-même, si vous voulez, nous conviendrons bien volontiers que cet auteur a été déjà bien assez instruit, avancé, et en quelque sorte courageux pour avoir osé mettre cette définition, même avec le correctif *ou supposée*.

Tous les magnétiseurs, somnambules, etc., reconnaissent que le sujet *endormi* a les yeux habituellement convulsés, et que même, quand ils ne le sont pas, sa vue est complétement paralysée, et qu'il est momentanément tout à fait aveugle. — Il n'y voit plus rien, dit-on, — ce qui est vrai. — Et puis on ajoute aussitôt, mais *il voit* très bien à travers une boîte fermée, à travers une foule de papiers d'enveloppe, à travers des cartes à jouer, même de celles restées en tas dans le paquet : — ce qui est vrai.

Et encore bien que ce somnambule soit installé dans son fauteuil à Paris, — *il voit* ce qui se passe dans telle maison de Londres ou de Constantinople.

Comment se reconnaître dans ces expressions ? Ne plus *voir* avec les yeux et *voir*... avec quoi ? Et puisqu'on dit un somnambule *lucide*, *clairvoyant*, permettez-nous de dire qu'il *clairvoit* (en dépit de l'autre expression voisine, une claire-voie).

Nous savions depuis longtemps tout ce qui précède,

nous connaissions tous ces différents effets du fluide vital ; et nous espérons que ce sera également très clair pour tous ceux qui voudront lire ce qui suit.

Il nous reste à expliquer ce qui se passe dans le somnambulisme, ce que nous avons mis tant d'années à trouver, et ce qui est si simple, si facile à comprendre..., après l'explication.

Lorsqu'on magnétise une personne pour *l'endormir* (comme on dit)... on lui donne du *fluide vital en excès.* — Le premier effet de cet excès de fluide est de paralyser (qu'on nous permette cette expression qui n'est pas juste, mais qui est plus brève qu'une périphrase) de paralyser, pour ainsi dire, ou plus exactement de suspendre la faculté de voir par les yeux, de la vision par les yeux, si l'on veut.

Le plus ordinairement, les yeux se convulsent comme nous l'avons déjà dit : c'est-à-dire qu'ils se lèvent vers le ciel ou vers le haut de la tête, de sorte que les pupilles vont se cacher sous le haut des paupières, vers l'arcade sourcilière, et en soulevant les paupières qui demeurent closes, on n'aperçoit plus que le blanc de l'œil.

Quelquefois l'œil reste ouvert, mais il devient terne et vitreux, comme cela a lieu chez les aveugles. Une ou deux fois nous avons remarqué que les yeux restaient brillants, comme cela arrive quand la rétine a été détruite ou paralysée par une goutte sereine, une amaurose, comme étaient les yeux si beaux, si expressifs (en apparence) de Jacques Arago devenu aveugle.

Devant ces yeux de somnambules restés ouverts, nous avons vu des magnétiseurs approcher impunément la flamme d'une bougie ou d'une lampe à gaz ou à pétrole, pour démontrer que ce somnambule était momentanément aveugle.

Nous engageons vivement les magnétiseurs à ne pas renouveler cette expérience *inutile* et qui pourrait avoir un résultat fatal pour le malheureux *endormi*.

En effet, nous avons vu plus d'un somnambule, dont on avait négligé d'abaisser les paupières, se plaindre vivement, au réveil, d'avoir les yeux fatigués, de *voir* difficilement.

Très souvent, l'ouïe se paralyse aussi; mais moins complétement... et quand elle ne l'est pas, on peut fermer les oreilles en y projetant un peu de fluide vital.

On peut alors faire impunément du bruit, tirer même une arme à feu sans que le somnambule en aie conscience.

L'odorat chez quelques-uns est tellement paralysé (pour employer toujours le même terme), que nous avons vu mettre sous le nez du somnambule un flacon d'ammoniaque concentrée ou autre odeur vive et pénétrante, ou y brûler un paquet entier d'allumettes chimiques, même celles qui ne sont pas de la régie, et il n'a sentiment de rien.

Le goût. — On peut lui faire boire de l'eau pour du café, du vin, de la liqueur.

Le tact, le toucher. — Ordinairement le somnambule a quelque difficulté à se servir de ses bras, de ses jambes, à les remuer même, et on peut détruire la sensibilité, la suspendre, la paralyser par la catalepsie (c'est-à-dire par une accumulation de fluide énergique et abondant) au point de pouvoir piquer, pincer la peau; traverser les mains, les bras, les joues, toutes les parties charnues, avec des aiguilles; appliquer des moxas; couper même un membre,... sans que le cataleptisé en éprouve aucune douleur, aucune sensation, sans qu'il en aie conscience.

Parfois même il ne peut pas parler; mais avec une ou deux passes magnétiques faites en travers de la bouche, on peut lui rendre la parole.

On peut dégager ses jambes et ses bras, de façon qu'il puisse s'en servir un peu. — Ainsi pour le goût, pour l'odorat, même pour l'ouïe, ce qui est toujours inutile, parce qu'il vaut mieux que le somnambule ne soit dérangé par aucun bruit et reste isolé.

Il est toujours facile de le mettre en rapport avec qui le désire, en établissant la communication entre eux avec quelques passes.

Mais jamais on ne peut lui rendre la vue par *les yeux* pendant ce *sommeil;* autrement, on le *réveille.*

Mais ce n'est pas tout : — l'accumulation du fluide vital sur le magnétisé produit un effet bien plus grand, plus extraordinaire, et dont nous avons cherché pendant si longtemps l'explication.

Le fluide vital du magnétiseur paralyse, neutralise, si on veut, une portion plus ou moins grande du fluide vital du magnétisé.

*Il l'en résulte que l'*AME *du magnétisé, moins retenue à son corps par son fluide vital ainsi paralysé en partie, se dégage en partie du corps et reconquiert une partie de sa liberté et de sa lucidité.*

Ainsi donc, plus l'âme du magnétisé est débarrassée des liens qui l'attachent au corps, plus elle est lucide, et plus elle se meut avec facilité.

C'est ainsi que se conçoit et s'explique tout naturellement comment l'âme d'Alexis, par exemple, passait à travers ou autour des cartes, et voyait ou clairvoyait celles du jeu de M. le curé; celles étalées sur la table et non encore retournées; — celles restées au talon du jeu.

Comment il clairvoyait, à travers les papiers d'enveloppe, la bague de la momie, le couteau de l'assassin monomane.

Comment il clairvoyait dans la pensée de la maîtresse de pension.

On comprend comment les tampons de coton, les foulards accumulés sur ses yeux aveuglés momentanément, n'empêchaient pas, n'arrêtaient pas sa clairvoyance. On aurait pu, et tout aussi impunément, placer entre ses yeux et l'objet — la butte Montmartre, ou l'Etna, ou le mont Blanc.

Tous ces faits prouvent jusqu'à la dernière évidence, avec la certitude la plus absolue, l'existence de *l'âme.*

Et si on a dit avec juste raison que :

Si Dieu n'existait pas, il faudrait l'inventer.

On doit dire aussi : *Si l'âme n'existait pas, il faudrait la trouver.*

On endort un somnambule, — dit-on ordinairement; — mais qu'endort-on chez lui? Est-ce le corps? Mais excepté l'organe de la vue qui est paralysé, endormi, si l'on veut — tout est éveillé dans ce corps. — Est-ce l'âme? Mais elle est plus éveillée, plus lucide, plus clair-voyante que jamais !

De plus, elle a, dans ce cas, une faculté qui ne semble pas lui être habituelle : c'est de faire comme l'électricité, et d'être transportée (si ce mot peut être appliqué à ce qui est immatériel) instantanément dans les lieux ter-restres les plus éloignés.

Lorsque l'âme d'Alexis est allée à Constantinople, comme nous l'avons rapporté plus haut, chapitre IV, était-elle accompagnée de l'âme du Turc qui l'interro-geait? — C'est peu probable.— Etait-elle portée, comme le dirait un poëte, sur l'aile de la pensée de ce Turc? ou comme s'écrierait un prosateur, était-elle emportée sur la locomotive de sa volonté? — L'âme a-t-elle le don d'u-biquité? Peut-elle être à la fois, en tout ou en partie, à Constantinople et dans le corps d'Alexis?

Nous en dirons autant pour le fait de la montre perdue près du pont de Neuilly.

Alexis était chez Marcillet en corps et en âme, puis-qu'il entendait, comprenait les questions qui lui étaient adressées et qu'il y répondait.

Cependant son âme était bien au pont de Neuilly puis-qu'elle y clairvoyait le soldat ramassant la montre,— le numéro de son régiment; qu'elle entendait prononcer son nom.

Mlle Maria était bien en corps et en âme chez Mar-cillet — et pourtant son âme clairvoyait la maîtresse de pension, la cuisinière, la boîte de celle-ci et la montre d'argent sous la troisième chemise, éloignées de 5 à 6 kilomètres de chez Marcillet.

Nous ne chercherons pas à répondre à toutes ces questions, ni à celles que nous avons posées, sans chercher à les résoudre; ni à celles, assez nombreuses, que nous formulerons dans ce chapitre et dans les suivants.

Ces questions ne sont plus du domaine du magnétisme animal.

Elles ressortent, ou de la haute philosophie!!! ou de la théologie!!! ou du spiritisme!!!

On comprend maintenant, avec la plus grande facilité, pourquoi nous disions qu'ils étaient tout à fait logiques, ces somnambules qui s'écriaient : Endormez-moi, je suis fatigué, c'est-à-dire endormez mon âme... faites-la rentrer dans les ténèbres de son corps, en ôtant tout le fluide qui l'avait dégagée en partie des liens de celui-ci.

Une autre question que nous allons poser, sans chercher à la résoudre.

Comment l'âme de la jeune comtesse de B..., dégagée de ses liens corporels dans son état de somnambulisme, pouvait-elle avoir l'opinion que nous avons rapportée sur un projet d'union avec le vicomte X... et avoir une opinion et une volonté tout à fait contraires à celles de cette même âme rentrée dans ses liens corporels, ou, si vous voulez, quand elle n'était plus en état de somnambulisme?

Ce qui, d'ailleurs, arrive assez souvent à tous les somnambules. En d'autres termes, l'âme est-elle modifiée, changée, influencée quand elle est en entier dans sa prison corporelle?

Comment l'est-elle? — et pourquoi?

Nous l'avons déjà dit, et il est utile de répéter ici : que nous avons voulu poser des bases solides, incontestables, à cette science déjà vieille et si peu connue qu'elle paraît toute nouvelle; celle du magnétisme animal, pour servir de point de départ à ceux qui nous suivront et pour qu'ils n'aient pas à revenir en arrière, à l'enfance du magnétisme, comme nous l'avons fait; mais au contraire pour aller en avant. C'est pour cela que nous ne voulons pas chercher à résoudre un problème par des suppositions, par des probabilités, telles rapprochées qu'elles soient de la vérité; — nous préférons l'indiquer sous forme de question.

Ces bases inattaquables sont jusqu'à présent :

L'existence du fluide vital.

Son action sur le corps.

Son action sur l'âme, qu'il peut dégager plus ou moins de ses liens avec le corps.

La clairvoyance de l'âme.

Sa faculté de *voyager*, si vous voulez, hors du corps.

C'est là ce que nous avons *vu, expérimenté*, non pas des dizaines, mais des centaines de fois.

Heureux ceux qui viendront après nous... leur tâche sera bien moins aride, bien plus facile; ils n'auront pas à lutter, comme nous, contre l'obscurité, l'inconnu, et surtout contre l'incrédulité.

Nous émettrons seulement le vœu — le souhait, que personne ne se livre, à ce sujet, aux hypothèses, aux fantaisies de son imagination, et n'écrive pas des volumes de 600 pages qui ne servent qu'à embrouiller les questions, à les éloigner de la vérité.

Quant à nous, nous n'avons jamais été tenté d'écrire

quoique ce soit sur le magnétisme animal, tant que nous n'avions pas découvert la vérité.

Ce livre est notre premier et sera probablement le seul sur ce sujet.

Aussi, après plus de quarante ans de travaux et d'expériences, avons-nous pu exposer cette doctrine dans toute sa vérité et dans toute sa simplicité en peu de mots.

CHAPITRE VII

SINGULIÈRES RÉVÉLATIONS DE DEUX SOMNAMBULES

Nous allons raconter, dans ce chapitre, ce que nous ont révélé deux somnambules, — sans réflexions ni commentaires de notre part. Chacun jugera, appréciera comme il l'entendra.

Ceux qui s'occupent de spiritisme trouveront ces faits bien simples. Les théologiens se les expliqueront aisément. Les philosophes pourront les considérer comme très consolants... Quant aux autres... ils les rangeront peut-être dans la catégorie des rêves produits par un cerveau malade ou surexcité.

A chacun sa liberté.

Nous ajouterons seulement que ces somnambules étaient pleines de probité, de loyauté, n'ayant aucun intérêt, ni direct ni indirect, à nous tromper; n'ayant, après leur somnambulisme, ni souvenir de ce qu'elles avaient dit, ni conscience des révélations qu'elles devaient faire dans la séance suivante. Elles répondaient à nos questions faites dans leur intérêt et aussi dans un but scientifique.

La première, très lucide, a très bien vu et bien décrit les maladies de plusieurs personnes; leurs causes, leur origine remontant même jusqu'à l'époque de leur naissance. Elle a pu soigner et guérir, par ses conseils, plusieurs malades, — tout à fait gratuitement. Elle a pu prévoir et prédire, presqu'à jour et à heure fixes, la mort de plusieurs personnes. Tous ces faits nous ont convaincu de sa clairvoyance.

Quant à ma destinée, à mon avenir, nous dit-elle un jour, — j'avais depuis longtemps un fiancé que différentes circonstances m'ont empêché d'épouser lorsque le temps fixé était arrivé. — Si je m'étais mariée,... je serais morte et lui vivrait. — Le contraire a eu lieu...; il est mort... parce que l'un de nous deux devait succomber... et ma vie se prolongera.

Dans notre existence terrestre nous sommes très souvent à un carrefour...; devant nous s'ouvrent plusieurs voies, plusieurs chemins que la fatalité..., le destin, nous entraîne à suivre...; mais nous avons notre libre arbitre,... nous pouvons choisir la voie qui nous convient le mieux.

Ainsi, dans ce moment, j'aime beaucoup un jeune homme avec lequel j'ai le désir de me marier...; mais je vois que je serai très malheureuse de toutes façons... : ci des détails inutiles à rapporter....

— Pourquoi ne donneriez-vous pas votre main à X...
qui vous porte beaucoup d'intérêt et vous recherche? Se-
riez-vous heureuse avec lui? — Oui, mais je ne veux
pas l'épouser...; je ne dois pas l'épouser,

D. Et si vous n'épousiez ni l'un ni l'autre, qu'arrive-
rait-il? — R. Je vois beaucoup d'incidents, beaucoup
de chiffres (*sic*)... je ne sais pas au juste. Je vois comme
dans le lointain.,. comme sur le sommet d'une mon-
tagne... (Telle chose dont la description a été faite par
elle.)

Enfin nous pensons que son union qui devait être si
malheureuse n'aura pas eu lieu...; que suffisamment prévenue par elle-même, elle y aura renoncé... et que re-
venant en arrière, au carrefour... elle aura choisi une
autre voie.

Les deux choses seraient donc vraies :

Fatalité..., destinée... et pourtant libre arbitre.

La phrénologie ne dit pas autre chose.

Cette somnambule clairvoyait donc bien l'avenir en ce
qui la concernait et en ce qui pouvait lui être permis de
prévoir et de révéler... car en général l'avenir nous est
fermé... et c'est un des bienfaits de la Providence; mais
elle soulevait un coin du voile qui couvrait sa vie, sa
destinée dans ce monde.

Quant à l'autre dont nous allons raconter les surprenantes conversations somnambuliques, elle avait un souvenir bien fidèle d'un passé qui remontait fort loin.
Voici une partie de ses révélations écrites sous sa dictée.
Il s'agissait de savoir si les planètes étaient habitées, et
comment.

PREMIÈRE PARTIE

Pallas, dit-elle, est un monde inférieur à la terre. Les êtres y sont laids et ils souffrent de leur laideur. Les punitions sont en raison des crimes, et en général effroyables.

Dans la planète de *Vénus*, les femmes y sont plus nombreuses que les hommes.

Saturne a deux atmosphères : la première l'entoure et la seconde entoure l'anneau ; cet anneau est absolument inhabité.

Les Saturniens ont la république universelle, avec des chefs élus ; pas d'armées, pas de lois sur le vol ou sur le crime.

Un tribunal d'honneur y juge par la conscience, puisqu'il n'y existe pas de lois établies.

Il y a certaines punitions, une sorte de prison temporaire, très-légère... car on se corrige.

Il est rare qu'un Saturnien vienne sur terre.

Il n'y existe ni haine, ni envie, ni jalousie.

La religion est une foi immuable dans la grande loi. Le culte — c'est la morale.

La confession hebdomadaire existe en public, dans un temple, devant tout le quartier : ceux qui ne s'y soumettent pas sont mal vus. Le scandale y est considéré comme un grand crime ; c'est le plus grand après la délation.

Les vêtements consistent en étoffes de tissus merveilleux, dont l'ensemble est un peu semblable au costume grec.

La chaussure est une sorte de cothurne montant.

Les femmes sont généralement brunes, elles ont des nattes mêlées de perles dans le chignon. Elles portent dans leurs longs et magnifiques cheveux, artistement relevés en partie, les attributs petits et fort jolis de l'art qu'elles professent, musique, peinture, sculpture. Ils sont faits en métaux rares ou en pierres précieuses. — Le surplus des cheveux pend le long du dos et sont très longs.

Elles ont pour la nuit une sorte de chemise brodée en soie transparente.

(Ici elle fit dessiner une tête de femme telle qu'elle l'avait vue, coiffée avec ses splendides cheveux relevés avec de tous petits instruments de musique fort brillants et se rapprochant un peu des nôtres pour la forme.)

Les hommes sont presque tous blonds, aux yeux bleus; dans la saison chaude, ils ont un maillot collant de couleur variable, avec une ceinture de pierres précieuses.

Les types sont diversifiés, mais tous très beaux, d'une taille élevée. Leur ouïe n'est pas plus perfectionnée que la nôtre, mais leur vue est bien plus perçante.

Les hommes qui font des travaux grossiers ou pénibles sont nus.

Saturne est un lieu de perfectionnement, et à côté de ses habitants, nous serions de purs sauvages.

Leur statuaire est merveilleuse, et leur musique très perfectionnée.

Ils ont de tels instruments d'optique, qu'ils nous *voient* presque remuer.

La ville principale de Saturne, leur capitale, contient environ six millions d'habitants.

Les rues sont pavées en marbre et les maisons ressemblent à de vastes et magnifiques palais ornés de colonnes de marbre, de porphyre, d'oxyde de rubidium, espèce de minéral noir, cristallisé, irisé de violet et de rose, qui s'y trouve en grandes couches : on le travaille comme le marbre.

Ils ont le granit, base de tous les mondes, le fer, l'or, des pierres précieuses, du nickel et du cuivre.

Les instruments de musique sont faits en platine, nickel et or.

Leurs animaux sont tous très grands, il y en a de plus gigantesques que notre éléphant.

Pas d'animaux nuisibles; leurs vaches laitières n'ont point de cornes.

Les voitures sont traînées par des animaux à griffes et à pattes ayant la tête d'un bouc sans cornes, de la taille d'un cheval.

Leurs animaux n'ont donc aucun rapport avec les nôtres, ni leurs végétaux ; quant à leurs minéraux, sauf ceux que nous avons nommés plus haut, ils ne sont pas non plus comme ceux de la terre.

C'est la planète de l'art par excellence. Les Saturniens gagnent leur vie en travaillant généralement.

Ils vivent bien plus longtemps que nous, la moyenne de leur existence est de cent cinquante à deux cents de nos années.

Les leurs sont plus longues et leur temps se divise autrement que le nôtre.

Il y a plus de deux mille années qu'ils connaissent et se servent de la navigation aérienne.

Elle ajouta : J'ai vécu déjà dans Saturne ; puis sur terre, d'abord en Egypte, ensuite en Grèce, encore en Egypte, puis en Chine et en France.

Viennent ensuite des détails intimes, que nous ne relaterons pas, sur ses existences antérieures.

Nous rapportons scrupuleusement toutes ces révélations, parce qu'il y a une certaine quantité de bons esprits, de personnes très-instruites qui croient fermement que nous sommes destinés, depuis l'origine, à avoir plusieurs existences, dont les unes sont la récompense et les autres l'expiation, la punition ou l'épreuve des existences antérieures, jusqu'à ce que l'âme ayant atteint la perfection soit destinée à un bonheur perpétuel.

Ces personnes voient, dans ces récompenses et ces punitions, la preuve la plus évidente, la plus certaine de la justice et de la bonté de l'Etre suprême.

Punition et faculté de s'améliorer :
Récompense et encouragement.

Elles n'y voient d'ailleurs rien de contraire au fond du dogme chrétien.

Il en résulterait aussi que les suicidés seraient complétement trompés dans leur attente ; car loin de trouver le repos absolu — le *néant* — ils recommenceraient... ou plutôt leur âme continuerait son existence de peines, de chagrins, d'épreuves augmentées, aggravées de la punition due à leur suicide même ; et si cette mort prématurée avait eu lieu pour échapper à des douleurs corporelles... ils seraient obligés de se réincarner dans un corps plus souffreteux, plus endolori que le précédent.

Tout cela mérite au moins nos méditations.

DEUXIÈME PARTIE

Nous ne donnerons également qu'un fragment de sa très curieuse théorie de la formation de la terre. Les notes qu'elle a données exigeraient un développement hors de toute proportion avec le cadre dans lequel nous avons voulu nous renfermer.

Nous devons, en outre, avertir le lecteur que nous ne ferons pas autre chose que de copier une partie des notes prises, d'ailleurs, à la hâte et très-succinctement.

Nous ferons donc l'abrégé d'un abrégé. Notre but principal est de donner un aperçu de ce que peut produire ou révéler le somnambulisme, à ce degré de lucidité.

CE QU'ÉTAIT LE GLOBE TERRESTRE

Un assez grand nombre de séances furent employées à lui faire des questions sur l'origine de la terre.

C'était, dit-elle, un globe de feu, un globe en liquéfaction. Il a toujours été creux, et il l'est encore.

Le feu intérieur existe toujours, c'est lui qui donne naissance aux volcans. Il ne se tient pas à un seul endroit, et il parcourt d'extrêmes distances. La flamme est analogue à celle du pétrole. En effet, il y a des lacs, des sources, des mers inépuisables de pétrole.

Le refroidissement a amené une sorte de croûte dans laquelle un minéral dominait entre tous les autres. La croûte ne tarda pas à s'épaissir parce que les minéraux arrivaient par couches produites par le feu intérieur, tout n'était que volcans à cette époque, les mers furent ensuite formées avant les végétaux.

Les poissons sont les créatures vivantes les plus anciennes.

Les pôles sont les limites des mers. Aux pôles il n'y a rien du tout autre que de la glace qui se fondra, elle commence déjà, et quand elle sera fondue, il y aura des inondations et d'épouvantables bouleversements sur la face du globe terrestre.

Les végétaux vinrent ensuite ; mais pas un arbre. C'étaient surtout des fougères arborescentes. La décomposition des fougères mortes donna naissance à des végétaux plus parfaits.

A ce moment, le soleil dont notre planète est le satellite dut avoir une action ; car le végétal a besoin, pour vivre, de la chaleur intérieure et extérieure.

La terre était encore inhabitable pour l'homme, à cause des bouleversements et des dangers qui auraient compromis sa vie.

Les arbres furent ensuite formés.

Leur décomposition successive, ainsi que celle des anciens végétaux rudimentaires, donna naissance à des animaux infiniment petits, lesquels en ont formé de plus grands, non par la décomposition, mais par le perfectionnement des races : et ainsi de suite, jusqu'aux mastodontes.

La nature était donc divisée en trois classes d'êtres vivants. Les poissons, les terrestres et les oiseaux qui vinrent beaucoup plus tard.

Il y avait à l'époque des mastodontes, où l'homme n'existait pas encore, un animal assez étrange qui précéda le singe.

Sa tête tenait du singe et du chien ; son long corps était vilain, efflanqué, maigre, amphibie. Il avait quatre longues pattes palmées et pourvues de longs doigts ; point de poils sur la face, sur le ventre, sur les flancs ni sur le derrière ; poilu sur le reste du corps.

Puis vint le singe et ensuite l'homme.

Suivent des détails qui donneraient lieu à de longues dissertations et à des discussions sans fin.

Elle ajoute toutefois qu'il y eût peu de perfectionnements jusqu'au bouleversement général.

LE CATACLYSME

Une autre planète frôla la terre à ce moment. Le seul endroit qui soit resté épargné, c'est celui où se trouve la Chine. C'est là que se réfugia ce qui restait des êtres dont nous avons parlé.

A cette époque, il se produisit un effet effroyable et dont on ne peut se faire une idée, c'est-à-dire que les volcans en faisant éruption, portèrent à l'ébullition, subitement, les eaux qui s'étaient répandues et projetèrent en l'air des vapeurs brûlantes. C'est là ce qui tua les oiseaux, tous les habitants des airs, ainsi que les animaux terrestres ; car ces vapeurs condensées retombaient dans certains endroits en pluie glacée et en grêlons énormes, et dans certains autres en pluie brûlante, suivant les climats : mais toute la surface de la terre n'était pas encore habitée.

Les bouleversements de la croûte terrestre furent tels que celle-ci fut, par endroits, complétement retournée. Alors se produisirent des amalgames de minéraux différents en fusion, comme des pâtes, à des températures de 3.000 degrés environ.

Le granit existe toujours à l'état de fusion à l'intérieur de la terre, ainsi qu'un métal encore inconnu, et qui n'arrivera jamais à la surface.

Cependant il y eut des mers et des fleuves qui furent épargnés, telles que la Méditerrranée et les mers de Chine. Les fleuves de ce pays, déjà très perfectionné à cette époque, ne subirent aucun changement.

Mais d'autres mers furent déplacées, elles changèrent de lit, si l'on peut s'exprimer ainsi. Là où étaient les mers prirent naissance des végétaux produits par les limons.

Les plus hautes montagnes ne sont absolument que les restes ou les produits de ces bouleversements ; car avant ce cataclysme, la terre était presque plane ; mais les montagnes les plus élevées produisent à peine l'effet d'un tout petit bouton sur une main.

C'est ainsi que cette somnambule vint confirmer notre théorie sur le déplacement évident des mers à l'époque du déluge, et elle ajouta que nous avions parfaitement raison de penser que l'axe de la terre s'était alors déplacé, de sorte qu'à ce moment les pôles ont pris la place de l'équateur et réciproquement. Nous développerons notre théorie page 142.

Dans la séance suivante cette somnambule continua :

Quand tout fut rentré dans l'ordre, vinrent des animaux plus petits que ceux qui avaient été détruits ; ils provenaient surtout de la race des animaux de la Chine, infiniment moindres que ceux des autres contrées.

Aujourd'hui encore, leurs vaches sont extrêmement petites.

Il n'est resté des animaux antédiluviens (bien amoindris) que l'éléphant, l'hippopotame, le rhinocéros et le crocodile, qui sont des antédiluviens appauvris.

La taupe est l'infiniment petite diminution d'un antédiluvien. La différence vient de ce que ce dernier avait de chaque côté de la bouche une pioche qui fabriquait des trous d'une grandeur énorme.

Cuvier fit erreur en lui attribuant de grandes griffes (*Dinotherium*) aux pattes qui étaient absolument semblables à celles de nos taupes : cinq griffes égales.

Une autre erreur, c'est le ptérodactyle ; car il n'a jamais eu d'ailes, mais quatre pattes et deux bizarres nageoires sur le dos. Il a quelque analogie avec les axolotes qui sont un peu de la même famille.

Après ce même cataclysme a recommencé, sur l'hémisphère américain, une nouvelle série d'êtres.

Nous sommes les descendants des Chinois, tandis que les Américains, les Océaniens, les Africains, sont de formation plus récente, et les êtres y sont encore primitifs.

(Il est question bien entendu des naturels de ces pays et non de ceux qui sont venus les coloniser.)

8

Quand les anthropoïdes sont arrivés en Chine, d'autres êtres perfectionnés y étaient déjà. Ceux-ci avaient pris l'habillement sous forme de peaux d'animaux ; car, à cette époque, le climat de la Chine était froid.

Par une imitation digne du singe, les premiers en firent autant ; tels des sauvages arrivant chez des civilisés. Les Chinois se construisaient des huttes, non-seulement avec des feuilles, mais avec de la terre. C'étaient donc des êtres déjà moins brutes. Ils enseignèrent l'art de ces constructions aux autres ; mais en même temps ils en firent leurs esclaves ; depuis que l'homme existe, il y a toujours eu des êtres inférieurs destinés à servir les autres, car...

L'égalité est impossible par cette première raison qu'il ne pourrait pas y avoir de punition consistant dans l'*infériorité* réelle et patente ; encore bien qu'il soit du devoir des forts de tendre la main aux faibles et de les perfectionner. — Et par cette autre raison que s'il y avait égalité, même chez les âmes, il n'y aurait pas de *perfectionnement* possible ; ou bien il deviendrait inutile.

A cette époque, il y eut chez les Chinois des croisements de races ; ceux-là étaient bien plus beaux que les nouveaux venus, mais ceux-ci se perfectionnèrent peu à peu.

Après s'être couverts de peaux, ils arrivèrent à fabriquer une sorte de cadre en bois d'un mètre cinquante centimètres carrés à peu près ; il était attaché avec des arêtes de poisson : le cadre servait au tissage des étoffes, dont ils se firent des vêtements.

Ils avaient trouvé le moyen de filer des écorces d'arbres et des pailles qu'ils teillaient ou tillaient, ils avaient aussi une espèce de chanvre; la plante existe encore en Chine aujourd'hui. Ils confectionnaient fort ingénieusement des aiguilles en arêtes de poissons, ils enfilaient dedans les petits filaments provenant des substances dont nous avons parlé plus haut, et ils faisaient une véritable reprise très serrée sur ce cadre de bois qui était la mesure du tour du corps pour la fabrication de leurs vêtements. S'ils se sont ainsi enveloppés d'étoffes ou de vêtements, c'est du jour où leur intelligence a commencé à se développer; car, instinctivement, l'homme a compris qu'il fallait cacher certaines parties du corps... et la pudeur fut inventée.

Le chat a cet instinct..... C'est un des animaux les plus perfectionnés.

TROISIÈME PARTIE

Nous agirons pour cette troisième partie comme nous l'avons fait pour la seconde. Nous retrancherons tout ce qui pourrait donner lieu à discussion ou à une mauvaise interprétation, faute de développements suffisants... mais il est très probable que toutes ces théories, d'ailleurs très curieuses, très intéressantes, seront reprises, complétées et publiées par d'autres que nous. Cette somnambule nous dit :

L'instinct, l'intelligence, l'esprit sont toujours la même chose, mais à des degrés différents.

(*L'esprit employé dans ce sens n'est pas synonyme de l'âme.*)

L'ESPRIT est la perfection de l'intelligence : il se perfectionne par l'étude.

L'*instinct* n'est que savoir où trouver sa nourriture, où s'abriter, etc.

Le chien est un animal ayant l'instinct de la reconnaissance.

L'éléphant est presque *intelligent*.

Les animaux n'ont pas d'âme.

Il arrive parfois qu'une âme supérieure est enfermée dans un esprit inférieur, par châtiment. Mais l'âme doit participer, indépendamment de l'intelligence, à l'accomplissement du bien. Si l'on commet des crimes, c'est la matière qui écrase l'âme.

L'âme est comme un conseiller qui ne serait pas avec vous, mais qui, de temps en temps, vous donnerait des avis. La conscience est donc l'âme elle-même ; chaque fois qu'un être agit contre sa conscience, il est puni.

Par exemple, la conscience d'un homme lui dit de ne pas commettre un crime — il le commet — son âme n'est pas coupable puisque la matière seule a agi.

(*Est-ce la matière ou l'esprit ?*)

Mais il y a des âmes perverses qui poussent au mal.

Si l'âme enfermée dans un esprit inférieur arrive à en triompher, elle en est récompensée comme d'une grande chose accomplie.

C'est un crime de tuer un homme pour le punir. Tel

homme qui assassine un autre homme accomplit parfois un acte de justice divine, mais il n'en est pas moins puni de sa mauvaise action.

La défense personnelle et celle d'un territoire sont nécessaires. Mais la guerre de conquête est horrible.

Les conquérants qui font répandre des flots de sang, pour des causes futiles souvent, sont très punis.

On ne doit jamais se venger.

Il y a des âmes qui arrivent à un état presque parfait et restent peu de temps sur terre.

L'intention formelle de faire une chose est réputée presque comme ayant été exécutée, et elle est presque autant récompensée ou punie.

Le rêve est souvent le reflet des pensées de la journée.

La communication interastrale sera possible un jour ; mais pas à présent.

L'âme répand son fluide dans tout le corps.

Le *Magnétisme repousse l'âme hors du corps.*

La catalepsie dégage encore plus l'âme ; mais il ne reste absolument aucun souvenir.

L'esprit est un autre fluide ; mais d'un ordre secondaire.

L'intelligence, autre fluide d'un ordre encore plus secondaire.

On pourrait les comparer ainsi :

Ame = électricité.

Esprit = lumière.

Intelligence = chaleur.

Instinct = aimantation.

L'esprit, l'intelligence et l'instinct ont leur siége dans la tête.

(Cette dernière pensée donnerait raison à la phréno-logie.)

Le surplus des notes concernerait plutôt le spiritisme, ce qui nous entraînerait hors de notre sujet spécial, le magnétisme.

Nous ne contesterons pas que ces deux sciences ne soient sœurs et que l'une conduise infailliblement à l'autre.

En effet, d'après ce que nous avons vu, et d'après ce que nous allons dire, le somnambulisme est la manifestation d'une âme incorporée.

Le spiritisme est la manifestation d'une âme (en général non incorporée) — libre.

Nous n'en dirons pas davantage sur ce sujet, ni sur les notes dictées par cette somnambule bien extraordinaire.

CHAPITRE VIII

DE LA NAVIGATION AÉRIENNE; CE QUI S'EST PASSÉ LORS DU DÉLUGE.

Nous éprouvons le désir de faire connaître nos idées personnelles sur la direction des ballons; idées que nous avons depuis plus de quarante ans, dont nous reconnaissons de plus en plus la justesse. Le lecteur appréciera.

Mais auparavant, disons bien haut que nous avons en grande estime, en grand honneur tous les travailleurs, tous les chercheurs, même quand ils font fausse route.

Nous pensons que celui qui trouve une chose utile a bien mérité de l'humanité.

Tous ceux qui cherchent à diriger les ballons actuels, qui exposent leur vie dans leurs expériences, mériteraient des encouragements.... mais ils sont dans une fausse voie et ils y persistent.

Il y a plus de quarante ans (répéterons-nous) que nous l'avons annoncé à qui a bien voulu nous écouter... mais personne, que nous sachions, n'a tenu compte de nos paroles.

Malgré nous, le sourire nous venait aux lèvres lorsque nous voyions à l'Hippodrome (alors près de la barrière de l'Etoile) M. Poitevin ou Lepoitevin s'élever avec son énorme ballon qu'il avait la conviction de pouvoir diriger avec deux pédales de tisserand, garnies de plumes, de la longueur de trois à quatre mètres au total et qu'il mettait en mouvement avec ses pieds, tandis que le courant d'air emportait, majestueusement et sans effort, le ballon, la nacelle, les pédales... et l'inventeur.

A chaque invention de ballon rond, en ogive, en forme d'amande, de poisson, avec hélices ou autres engins, même les flottilles de plusieurs ballons réunis, nous *disions* : autant en emportera le vent.

Que penserait-on de la prétention de diriger un navire cuirassé avec une plume ou avec une petite rame attachée à son flanc ?

Voici la base, l'origine de l'erreur :

On appelle la direction d'un ballon, la navigation aérienne.

Mais un bateau est sur l'eau et non dans le centre de l'eau. On prend un point d'appui sur l'air, pour voguer contre l'eau avec des voiles ; ou un point d'appui sur l'eau pour voguer contre l'air ou contre l'eau avec les rames, les roues ou les hélices.

Mais le ballon est au centre de l'air ; il ne peut prendre de point d'appui que sur l'air contre l'air. Il n'a pas d'autre ressource. (Il est vrai qu'on peut chercher un courant d'air pour s'y confier et se laisser emporter par lui, mais ce n'est pas là se diriger.)

Il faut donc imiter, autant que possible, les oiseaux. Avoir un appareil pour s'y établir, aussi petit et aussi léger qu'on pourra le fabriquer : en fer-blanc ou en caoutchouc, par exemple ; avoir des ailes ou des rames imitant les ailes des oiseaux, faites en matière légère, mais résistante et solide (le caoutchouc, la soie peut-être) ; ou bien des hélices avec lesquelles il sera plus facile de s'élever.

Si l'on veut employer des rames ou des ailes, elles pourraient être faites, non d'une seule pièce, mais d'une assez grande quantité de lames minces comme celles des jalousies tout à fait fermées, c'est-à-dire imbriquées; ces lames devraient être fixées au châssis de l'aile ou de la rame par des charnières attachées à chaque extrémité et qui permettraient, à chaque lame, de s'ouvrir pour laisser passer l'air quand on élève l'aile ou la rame, et qui s'appliqueraient l'une sur l'autre pour former une grande surface continue, lorsque la rame s'abaisserait pour prendre un point d'appui sur l'air.

Avoir un gouvernail léger, solide et imitant la queue des oiseaux, et surtout, avant tout, AVOIR *un moteur plus fort et plus rapide que l'air*. — Tout est là.

Probablement l'électricité, l'électro-aimant le fournira.

Telle est la vraie théorie, suivant nous. Aéronautes, trouvez le moyen pratique, avec des ailes ou des hélices, ou avec leur équivalent.

Cette opinion nous est toute personnelle et nous ne voulons pas lui donner plus de valeur qu'elle n'en a.

On a consulté quantité de somnambules à ce sujet.

Nous avons appris que dans les séances de spiritisme de M. Allan Cardec et dans d'autres, on avait souvent interrogé les esprits pour la découverte à faire. La réponse de tous peut se réduire à cette formule : Cherchez et vous trouverez.

L'axiome est posé : *Moteur plus fort et plus rapide que l'air*.

Au moment de mettre ceci sous presse, nous apprenons qu'on essaie ce système en Angleterre.

Quant à l'autre question posée en tête de ce chapitre, voici ce que nous disions, avant 1830 (en 1826 ou 1827, je crois), à un professeur de géologie dont nous suivions les cours :

Tout le monde est d'accord pour reconnaître et affirmer que la terre est un peu aplatie vers les pôles et que cet aplatissement des pôles va toujours en augmentant.

On retrouve, dans les régions septentrionales, des squelettes, des débris d'animaux antédiluviens, dont les races, les types sont tout à fait perdus, tels les mastodontes plus grands, plus gros que les éléphants actuels. On a même prétendu avoir trouvé un animal entier (chair et peau) enfoui dans les glaces de la Sibérie.

On est d'accord que tous ces animaux antédiluviens avaient dû vivre dans des régions chaudes. (Ou bien, ce qui est la même chose, que les régions dans lesquelles on les retrouvait devaient être chaudes avant le déluge.)

Personne n'ignore qu'il existe des fossiles, coquillages, poissons, serpents ou anguilles dans des lieux très éloignés des mers actuelles, par exemple dans la Butte-Montmartre, à Paris.

(Ce qui prouve jusqu'à la dernière évidence que la mer a couvert, jadis, ces localités.)

On trouve — dit-on — d'anciennes forêts ensevelies au fond de certaines mers.

Enfin on sait positivement qu'il n'existe aucune trace d'animaux antédiluviens dans les régions équatoriales.

Tous ces faits sont pour nous la preuve la plus évidente, la plus incontestable que :

Soit par suite d'un trop grand aplatissement des pôles ; soit à cause d'éruptions volcaniques ; soit par la rencontre ou le choc d'un astre quelconque, planète, comète ou nébuleuse, *l'axe de la terre aurait été changé ; de sorte que les anciens pôles seraient devenus l'équateur, et l'ancien équateur aurait fourni deux nouveaux pôles*.

Nous avons parlé de cette idée à quelques savants qui l'ont trouvée très plausible.

En 1844 et en 1845, lorsque nous sommes allé voir M. Elie de Beaumont, le savant géologue, pour lui rendre compte des récentes éruptions du Vésuve et de l'Etna, nous lui avons soumis et développé notre opinion sur ce que nous venons d'exposer, et en même temps nous lui avons parlé d'une grotte située près de Palerme, en Sicile, dans laquelle nous avons trouvé des ossements humains qui, suivant nous, doivent être antédiluviens.

Le savant professeur de l'Ecole des mines ne croyait pas beaucoup (alors au moins) à l'existence de restes d'hommes antédiluviens.

Quant à notre théorie :... J'en ai entendu parler, nous dit-il. Je ne conteste pas le déplacement des mers qui est évident... mais je ne crois pas au changement des pôles...

D. Comment expliquerez-vous le déplacement des mers ? — et la présence vers le pôle arctique actuel d'animaux qui ont dû exister dans des régions chaudes ? — R. Je ne me l'explique pas.

Votre théorie est ingénieuse,... plausible... mais je le répète, je ne peux pas croire à sa réalité.

Nous devons avouer que nous avons été très ému lorsque, dans ses révélations si extraordinaires, la somnambule *saturnienne* dont nous avons parlé a confirmé pleinement notre théorie; sauf quelques modifications qu'on a pu remarquer.

Mais revenons au magnétisme animal; parlons de certaines manifestations de l'âme, et de ce qui doit se passer à la mort.

CHAPITRE IX.

PEUT-ON DÉGAGER L'AME D'UNE PERSONNE NON MAGNÉTISÉE.

Nous avons vu, jusqu'à présent, que l'âme ne se dégage du corps que sous l'influence du magnétisme.

Voici une expérience que le savant docteur marquis D... a faite avec le comte d'O... et moi.

Le premier s'assied dans l'angle du salon assez grand du comte; celui-ci et moi, nous nous plaçons dans l'angle opposé.

Sur la prière et d'après les instances du marquis, nous essayons de lui *soutirer* son âme, sans le magnétiser. De son côté, le marquis fait des efforts de volonté pour envoyer son âme vers nous.

Le comte et moi nous dirigeons tous les efforts de nos volontés énergiques pour faire réussir cette opération.

Après une dizaine de minutes, le marquis cesse de nous parler... peu à peu ses jambes et ses bras restent immobiles... sa figure pâlit progressivement; ses yeux restent ouverts, mais le regard est fixe. L'oppression commence, la respiration devient de plus en plus difficile.

Alors la préoccupation, puis la crainte d'un accident possible me saisissent et je déclare au comte que je veux absolument arrêter là l'expérience. En continuant, nous aurions pu peut-être occasionner une paralysie ou affaiblir le cerveau, conduire à la folie, peut-être à la mort.

En cessant d'attirer, puis de retenir cette âme invisible, intangible... mais qui nous semblait être venue vers nous, après nos premiers efforts, elle dut retourner vers le marquis, se réintégrer dans son corps.

Sa figure reprit peu à peu son animation; la respiration devint de plus en plus libre; le regard perdit sa fixité; les bras purent s'agiter et la parole revint. Alors le marquis nous raconta toutes ses sensations. Je n'ai pas cessé un seul instant de vous entendre, nous dit-il, même lorsque vous parliez presque à voix basse. J'ai toujours conservé toute ma connaissance, toutes mes facultés;... seulement, à mesure que je sentais quelque chose sortir de mon corps, une espèce de vide s'y faire, mes membres devenaient de plus en plus immobiles. La parole me manqua... ma vue devint moins nette...

Mais l'idée que je pouvais m'affaiblir jusqu'à la mort ne me vint pas.

Enfin je suis très satisfait, très heureux même de cette

expérience qui a été bien faite, bien conduite, et que je désirais depuis longtemps.

Elle ne fut pas renouvelée.

Il ne lui resta qu'un peu de lassitude qui disparut au bout de quelques heures.

Quant à nous, notre fatigue vint surtout d'une grande émotion.

LA MORT.

Qu'est-ce que la mort.

Que se passe-t-il quand on meurt?

Problème toujours médité ! — Solution toujours cherchée ! !

Nous avons étudié la mort chez deux vieillards qui se sont éteints paisiblement, graduellement, sans souffrances, au moins apparentes. Nous avons suivi, minute par minute, l'extinction graduelle de l'existence, et voici ce que nous avons remarqué. L'intelligence, le sentiment du *moi* s'est éteint peu à peu ; le moribond cessa de comprendre, puis de voir, d'entendre... La sensibilité corporelle diminua petit à petit, jusqu'à devenir nulle. Nous avons tout lieu de croire que, pendant ce temps-là, l'âme se dégageait peu à peu des liens corporels et qu'elle s'envola avant que la vie matérielle, avant que le souffle, la respiration mécanique eût cessé.

Pour bien faire comprendre notre pensée, faisons une comparaison très matérielle.

Supposons un train de chemin de fer en marche,.... on arrête, on supprime la vapeur,... on détache la locomotive... et le train continue pendant un certain temps à aller en avant, en vertu de la vitesse acquise,... ensuite sa vitesse diminue graduellement jusqu'à l'arrêt complet et définitif.

Chez ces deux vieillards, le sang continua à circuler, mais lentement, péniblement, et irrégulièrement (pendant toute la nuit); la respiration avait encore lieu, mais en s'affaiblissant, avec des interruptions, des intermittences qui faisaient croire, pendant quelques instants, à la cessation complète de la vie. Ces suspensions des battements du cœur et du jeu des poumons devinrent plus fréquentes et de plus longue durée vers le matin, à l'aube; puis tout mouvement cessa définitivement et irrévocablement... C'était la *mort*.

Nous pensons donc que l'âme se dégagea d'abord et partit pour accomplir sa nouvelle destinée.

Le fluide vital s'échappa peu à peu, progressivement, pour aller où?... Dans le grand réservoir commun... nous supposons.

Et il ne resta plus que la matière destinée à une décomposition, à une transformation.

Ainsi donc, départ de l'âme,... départ du fluide vital... leur séparation du corps matériel voué à la décomposition... Tel est l'acte compliqué de la mort.

Ces séparations, ce départ de l'âme et du fluide vital ne se font pas toujours aussi lentement, aussi facilement que nous venons de le dire.

Dans les morts violentes, lorsque le cœur est perforé, quand la tête est fracassée ou le cou coupé brusquement, d'un seul coup, ces séparations sont rapides et elles doivent être très douloureuses pour un instant. Il est probable que le fluide vital et l'âme s'échappent en même temps.

Le mouvement matériel peut se continuer dans le corps pendant un temps plus ou moins long, en vertu *du mouvement, de l'impulsion acquise. La sensibilité nerveuse, matérielle, peut persister plus ou moins longtemps*; mais le sentiment de la douleur ne peut plus avoir lieu ; car, pour percevoir un sentiment, une sensation quelconque, pour en avoir conscience, comme on le dit, il faut la réunion absolue de ces trois choses : corps, âme, fluide vital.

Or donc, après la mort violente, instantanée, après la brusque séparation de ces trois choses : corps, âme, fluide vital, — le sang peut circuler pendant quelques instants, quoique très courts ; la sensibilité nerveuse peut persister et se manifester sous l'action d'un courant électrique ou galvanique ; — mais toute sensation, toute souffrance est impossible.

Si l'on veut comprendre ceci plus facilement, qu'on examine ce qui se passe dans un membre tranché brusquement et d'un seul coup : le mouvement y persiste, la sensibilité nerveuse y subsiste pendant un temps..., mais vous n'aurez plus la sensation de ce qu'on fera éprouver à ce membre coupé.

Entre ces deux genres de mort douce et lente et celle subite, combien d'autres dans lesquelles cette séparation se fera péniblement, cruellement, atrocement !!!

Dans le premier cas, l'âme a eu le temps de se dégager graduellement du corps fatigué, usé, trop faible pour retenir le fluide vital et l'âme ; d'ailleurs celle-ci sera, dans ce cas, le plus souvent impatiente d'abandonner la vie terrestre pour recommencer une existence nouvelle.

Alors on dit que la mort a été *douce*.

Dans le second cas, le déchirement doit être atroce... mais si rapide !

Enfin, dans les autres cas fort nombreux, variés à l'infini, il pourra arriver que des organes essentiels à la vie soient détruits par des maladies plus ou moins rapides et douloureuses ; le fluide vital sera chassé de force et l'âme violemment expulsée malgré ses désirs, ses efforts pour continuer son existence terrestre ; de là des douleurs physiques et morales plus ou moins grandes !!

Dans tous ces cas la mort est toujours la même... c'est toujours la séparation absolue du corps, de l'âme et du fluide vital avec plus ou moins de difficulté et de douleur.

Quant au mouvement matériel, il y a des animaux chez lesquels il persiste assez longtemps après la mort. Ainsi, nous avons examiné un petit poussin mort depuis quelques heures, et qu'on avait ouvert pour voir les mouvements du cœur qui ont continué à se manifester pendant cinq ou six heures... mais, vers la fin, il y avait tout au plus deux pulsations par minute.

CHAPITRE X

QUI PEUT MAGNÉTISER? -- QUI PEUT L'ÊTRE
COMMENT MAGNÉTISE-T-ON ?

Tous les corps peuvent donner et recevoir de l'électricité, mais à des degrés extrêmement différents.

De même nous pensons que tous les êtres humains peuvent donner et recevoir du fluide vital; mais à des doses tellement minimes quelquefois, qu'elles ne sont pas appréciables. On n'a pas encore inventé d'instrument pour les reconnaître ni les mesurer.

On peut être magnétisé dans certaines circonstances et pas dans d'autres.

Par exemple, quand nous sommes bien portant, on ne peut pas nous magnétiser; trois magnétiseurs des plus énergiques et réunis ensemble et en même temps, ne nous ont rien fait ressentir.

Il en est autrement si nous sommes malade, et surtout si nous souffrons de quelque partie du corps. Alors cette partie reçoit facilement le fluide vital et peut être soulagée ou guérie.

Cela tient probablement à notre bonne santé habituelle (au moins autrefois) et à ce que nous avons la faculté de magnétiser.

En général, pour pouvoir magnétiser, il faut avoir une

bonne santé..., par conséquent du fluide vital en excès, et de la volonté pour pouvoir émettre, transmettre ce fluide vital.

Par contre, les personnes malades, maladives, faibles, délicates, souffrantes, peuvent, en général, être magnétisées.

Une personne très nerveuse sera parfois difficile à être magnétisée, contrairement à ce qu'on aura pu supposer d'abord.

Les somnambules naturelles, les noctambules, comme on veut les nommer à présent, sont, dit-on, difficiles à magnétiser.

Le sont également celles qui résistent ou qui ont un trop grand désir de l'être.

Une personne pourra être magnétisée très aisément par celui-ci, et très-difficilement par celui-là.

Quand on voit, on sent ou l'on présume que son fluide n'est pas bon pour la personne qui s'y soumet, il vaut mieux s'arrêter. — Si l'on peut consulter préalablement un autre somnambule à ce sujet..., c'est très utile.

En général il vaut mieux ne pas magnétiser une femme qui se trouve dans sa période mensuelle : on pourrait occasionner, involontairement, une suppression toujours fâcheuse.

Un certain nombre de personnes pense qu'il est difficile de se magnétiser entre parents, entre personnes du même sang.

Mais il y a trop d'exceptions pour qu'on puisse établir aucune règle générale et fixe.

Avant de chercher à somnambuliser une personne, il

faut s'informer si elle éprouve une douleur, une souffrance quelconque, et commencer par la dégager de cette douleur, essayer à la lui enlever le plus possible.

On doit magnétiser peu ou point l'endroit douloureux, la partie malade, quand on veut arriver au somnambulisme (bien entendu), et non pas lorsqu'on cherche à guérir cette partie malade.

La personne qui se soumet au magnétisme, surtout les premières fois, doit fermer de suite les yeux, penser le moins possible et se mettre dans l'état qu'on recherche le plus quand on veut s'endormir du sommeil naturel. Nous avons déjà dit que les yeux non clos par les paupières se fatiguent beaucoup.

Il faut, autant que possible, être isolés et même seuls, pour éviter toute distraction nuisible et fatigante pour le magnétiseur autant que pour le magnétisé.

Si l'on nepeut pas être seuls, il faut éviter la présence des personnes habituellement magnétisées, surtout par celui qui opère ce jour-là.

Car, dans ce cas, il arrive très-souvent que le fluide émis ne s'arrête pas au sujet actuel; mais il va chercher *involontairement*, de la part de tous, l'ancien magnétisé, et il peut même le somnambuliser aux dépens du nouveau qui ne ressentira aucun effet.

Nous avons remarqué, assez souvent, que les personnes nerveuses recevaient facilement le fluide qu'elles laissaient aussi aisément échapper.

A peu près comme il arriverait à celui qui mettrait de l'eau dans un panier ou dans un vase percé.

Comment magnétise-t-on ?

Par l'effet de la volonté qui dégage le fluide magné-tique ou vital, le fait sortir, couler, si vous voulez, du corps du magnétiseur pour imprégner, inonder celui du magnétisé.

Si vous consultez les anciens livres de magnétisme, avec ou sans gravures, vous verrez qu'on recommande d'établir le plus de points de contact possible entre les deux. Ainsi le magnétiseur devrait s'asseoir en face du magnétisé, sur un siége un peu plus élevé, avec le con-tact des pieds, des genoux ; les deux pouces du magné-tisé dans les deux mains du magnétiseur, qui doit regar-der fixement et continuellement celui-là.

Ne pas avoir de distractions, avoir la pensée con-stante, continue, avec la volonté d'*endormir* (*sic*), di-sons de somnambuliser.

Puis toute une longue théorie sur la nature, les formes des passes magnétiques, les endroits où on doit les exer-cer, etc., etc.

Cette position souvent gênante entre personnes du même sexe, le devient bien plus entre sexes différents.

Quant à nous, nous avons presque toujours été debout pour magnétiser, sans aucun contact, faisant échapper le fluide de nos mains à une petite distance du magnétisé ; en agissant lentement au-dessus de la tête d'abord, puis en descendant graduellement au-dessus de la poitrine, de l'estomac et quelquefois, mais rarement, du ventre : ensuite nous fermons la main ou bien nous secouons un peu et légèrement le fluide ; puis en faisant décrire à notre main un demi-cercle à droite ou à gauche du corps du magnétisé, nous la ramenons au-dessus de sa tête pour la faire redescendre et recommencer jusqu'à ce que le sujet soit somnambulisé.

(Ne *jamais, jamais* magnétiser en remontant ; cela peut devenir dangereux pour la tête, le cœur et le cours du sang.)

Quand nous magnétisons pour les premières fois un sujet difficile, rebelle (au fluide bien entendu), nous lui prenons quelquefois une main dans chacune des nôtres pour établir un courant, ou bien nous mettrons une main sur son estomac ou quelquefois sur sa poitrine, rarement sur le ventre, et l'autre main sur sa tête, ou derrière, ou entre les épaules ou un peu plus bas, toujours pour établir un courant entre les deux points. Enfin, il faut chercher, essayer, tâtonner ; se servir de son expérience, ou de son intuition, de son instinct, et avant tout de l'observation constante, assidue, de l'effet produit sur le magnétisé. Le mieux c'est d'être conseillé, guidé par un autre somnambule, quand cela est possible.

Si, dans le cours de l'opération, le sujet s'agite, paraît souffrir, il faut suspendre les passes pour lui demander ce qu'il éprouve, en le priant de l'indiquer avec la main (s'il peut s'en servir) ; car rarement il peut parler, surtout les premières fois. Quand il ne peut répondre d'aucune façon, faites-lui des questions : Est-ce à la tête ? etc. Il trouvera toujours un moyen quelconque de se faire comprendre ; immédiatement vous le dégagez, et vous reprenez votre opération.

(Ordinairement c'est la tête ou la poitrine qu'il faut dégager).

Lorsque le somnambulisme est sur le point de se produire, les yeux s'agitent un peu, remuent sous les paupières pour se convulser. Quelquefois le sujet laisse échapper un léger soupir ou bien il semble s'affaisser dans son fauteuil, signe habituel de la fin de l'opération et de l'inutilité de la continuer.

On peut, dans ce moment, demander au sujet si c'est assez, s'il est assez magnétisé; s'il ne peut répondre, tout en faisant des efforts avec sa bouche, ses lèvres, c'est qu'elles sont closes ; alors on les ouvre en les dégageant, c'est-à-dire en passant un ou plusieurs doigts dans le sens de son ouverture, en travers de la bouche, une ou plusieurs fois, avec l'intention de l'ouvrir pour faciliter la parole (mais sans toucher aux lèvres, ce qui est inutile et pourrait être désagréable au patient).

Il faut, surtout pour les premières fois, installer commodément le sujet dans un bon fauteuil à dossier élevé et, si c'est nécessaire, lui donner un oreiller ou un coussin moelleux pour reposer sa tête.

Il est très utile que le sujet ne soit pas serré dans ses vêtements, surtout qu'il ne soit pas emprisonné dans une cravate ou dans un corset.

S'il est distrait ou désagréablement impressionné par le bruit qui se fait autour de lui, on peut lui paralyser l'ouïe, lui clore, pour ainsi dire les oreilles par un peu de fluide vital qu'on lui projette dans le trou auditif, en faisant le simulacre de lui donner deux ou trois chiquenaudes (sans le toucher bien entendu).

Nous avons vu des sujets ennuyés, contrariés, par le son d'un instrument, d'un piano, par exemple, pendant qu'on les magnétisait, et une fois somnambulisés, écouter le même instrument et quelquefois le même air avec joie, avec délices et même avec extase ; se couchant presque sur l'instrument et avec une figure illuminée, s'écrier avec transports : Que c'est beau !... que c'est beau !

Quand le sujet vient d'être somnambulisé, il faut lui demander s'il se trouve bien, et s'il désire se reposer un peu, ce qu'il accepte souvent pendant cinq, dix ou quinze minutes au plus, parce qu'il s'opère chez lui un travail plus ou moins grand pour que son âme se dégage d'une partie des liens du corps.

Une somnambule nous disait qu'au moment où l'opération commençait pour elle, il lui semblait qu'on l'enfonçait dans un bain de gélatine, ce qui lui occasionnait une sensation peu agréable.

Une autre s'imaginait descendre... descendre indéfiniment.

À chacun sa sensation !

Le temps nécessaire pour somnambuliser (endormir — vieux style) varie entre deux minutes et une heure une heure et demie. Le plus ordinairement, c'est une quinzaine de minutes. Quand il faut plus de temps, on peut en conclure que le fluide émis convient peu ou point au sujet. Mais, nous l'avons déjà dit, tout cela varie, non-seulement d'un sujet à l'autre, mais suivant les dispositions physiques, morales, du sujet ou même du magnétiseur.

Nous avons la faculté naturelle de sentir très bien le fluide vital s'échapper de nos mains, de nos doigts. Il s'écoule plus aisément, plus rapidement et avec plus d'abondance sur les points faibles, maladifs ou endoloris et qui ont besoin d'être le plus magnétisés. C'est pour cela qu'en passant notre main à une petite distance d'une personne et sans lui toucher, nous pouvons lui dire (presque toujours à coup sûr): Vous souffrez de telle ou telle partie de votre corps. Nous avons rencontré peu de magnétiseurs ayant cette faculté comme nous.

Peut-on magnétiser à une grande distance un sujet que l'on aura somnambulisé un certain nombre de fois ? Oui, nous a-t-on dit ; mais nous ne l'avons jamais essayé et nous ne voulons pas le faire dans la crainte d'accidents qu'on ne peut ni voir ni prévoir dans ce cas.

Mais nous avons vu plus d'un sujet appelé de loin, même d'un kilomètre, par son magnétiseur, venir le trouver en quelque sorte contre son gré.

Quant à nous, nous avons réveillé ou plutôt démagnétisé à distance parce qu'il n'y avait aucun inconvénient à redouter.

Une malade nous avait prié de la somnambuliser vers minuit et de la laisser en cet état jusqu'à deux heures du matin. Nous avions besoin de repos, elle nous dit que nous pourrions la réveiller de notre demeure située à environ quatre cents mètres de la sienne.

Elle dit à sa famille qu'elle nous voyait faire nos préparatifs pour nous coucher, prendre un livre pour ne pas nous endormir ; à deux heures elle nous vit faire les passes ordinaires pour chasser le fluide... et elle se *réveilla*. Toute sa famille nous l'attesta le lendemain en nous remerciant de l'amélioration produite dans l'état de la malade.

Quand un sujet a été magnétisé et somnambulisé par

quelqu'un, il ne faut pas qu'une autre personne vienne lui donner de son fluide ; c'est très mauvais et même dangereux pour le sujet.

On peut magnétiser avec les pieds et même avec le regard seulement, mais moins facilement.

Lorsque nous voulons enlever une douleur ou chercher à l'amoindrir, nous dégageons la partie malade comme si nous voulions démagnétiser cette partie, et quand cela ne soulage pas suffisamment, nous donnons un peu de fluide à cette partie pendant trois ou quatre secondes, mais avec précaution, parce que la douleur s'en augmente quelquefois... puis nous dégageons vivement et énergiquement.

Nous donnons de nouveau du fluide pendant cinq à six secondes pour l'enlever encore. Nous recommençons en augmentant chaque fois la durée et l'intensité de la magnétisation, pour l'enlever encore après deux ou trois secondes de repos, afin de donner le temps à notre fluide de produire son effet.

Après ces opérations, répétées de deux à cinq fois, la guérison ou au moins le soulagement a lieu... sinon c'est la preuve que l'on ne pourra pas agir, et il est inutile de continuer.

Comment enlève-t-on le fluide donné ? En d'autres termes, comment fait-on cesser le somnambulisme ? Comment réveille-t-on, si vous voulez ?

Quelquefois difficilement, et c'est là qu'est le danger. Combien de personnes inexpérimentées n'ont-elles pas somnambulisé, par amusement, par passe-temps, des sujets très aptes à recevoir le fluide vital et qu'elles ne pouvaient plus retirer de cet état après douze heures et même vingt-quatre heures d'efforts, d'essais impuissants; au détriment de la santé et en compromettant quelquefois l'existence de ces pauvres victimes.

Plus d'une personne peut se rappeler la fin tragique d'une jeune fille somnambulisée par des étudiants qui ne purent pas parvenir à la dégager, malgré leurs efforts, pendant une nuit entière. Après de nombreuses et violentes crises nerveuses, cette jeune fille, affolée, se jeta par la fenêtre et se tua.

En pareil cas, il vaut mieux avoir recours à un magnétiseur expérimenté qui pourra parvenir à dégager la victime, non sans peine; car il est bien plus difficile d'enlever le fluide qu'on n'a pas transmis; mais, au moins, pourra-t-il donner des conseils utiles au magnétiseur improvisé.

Nous avons le souvenir qu'une jeune femme déclara à son magnétiseur, très novice et qui ne pouvait pas la dégager de son fluide, qu'il fallait la conduire de suite chez M. Marcillet, un dimanche. Mais celui-ci était parti pour Saint-Mandé, Vincennes et les environs. Ils suivirent ses traces avec leur voiture, et ils finirent par le rencontrer dans la soirée. Marcillet, avec quelque peine, la démagnétisa; mais cette pauvre jeune femme, brisée par la fatigue, fut indisposée pendant plusieurs jours. Quant à son magnétiseur, il était anéanti, et il se promit de ne plus recommencer.

En général, il faut dégager lentement, progressivement et non par secousses. On fait des passes à grands courants, avec la ferme volonté d'enlever le fluide, en descendant de la tête vers les pieds sans toucher au sujet.

Ou bien avec les deux mains on chasse le fluide à droite et à gauche de la tête, de la poitrine, etc., en descendant jusque vers l'estomac ou le ventre sans appliquer les mains sur le sujet.

On agit principalement sur les points où l'on a accumulé le plus de fluide.

Ordinairement, plus le sujet a été longtemps et difficile à somnambuliser, plus facile il sera à remettre dans son état naturel.

La logique indiquerait le contraire, car plus il y aura eu de fluide donné, plus il devrait falloir de temps pour l'enlever.

D'où vient cette espèce d'anomalie?

Probablement de ce que le sujet le plus apte à recevoir du fluide, le plus avide, pour ainsi dire, de l'absorber, le retiendra aussi plus énergiquement.

Il y a peu de temps, nous magnétisions une personne malade, il est vrai, et tellement sensible à notre fluide, qu'elle était somnambulisée en deux minutes, deux minutes et demie ; et encore loin de déployer de l'énergie, nous modérions le plus possible notre action, car notre fluide nous semblait s'échapper à pleines mains, et en quelque sorte trop facilement.

Mais il nous fallait au moins quinze à vingt minutes d'efforts et de volonté énergique pour la faire revenir à son état naturel, surtout lorsque, malgré nous, elle avait reçu ou absorbé un peu plus de fluide que de coutume.

Lorsque nous nous apercevions de cette difficulté, nous lui demandions conseil, et elle nous indiquait ce que nous avions à faire en cette occasion.

Un jour que nous avions le désir de la dégager le plus vite possible, parce qu'elle était fatiguée, et que nous commencions à nous préoccuper de cette difficulté nouvelle, nous enlevions le fluide de sa tête (sans la toucher bien entendu) avec les doigts recourbés et crispés comme si nous avions voulu lui arracher des poignées de cheveux, ou comme si nous avions cherché à lui enlever des lambeaux de vêtements fortement collés sur elle. (Ces mouvements ainsi figurés indiqueront mieux que toute autre chose comment on peut opérer.) Enfin, nous ôtions quelquefois un reste de fluide rebelle, en soufflant fortement et brusquement sur la tête ou sur l'épigastre.

C'est en général très mauvais de chercher à réveiller brusquement, comme on le dit. Cependant, nous avons vu des somnambules (magnétisés tous les jours il est vrai) remis dans leur état naturel en leur prenant les deux mains et en leur imprimant une certaine secousse, comme une forte poignée de main à l'anglaise ; d'autres, en leur serrant et secouant un peu les deux pouces ; quelques-uns en soufflant sur leur tête ou sur le creux de l'estomac... Mais il ne faut agir ainsi que quand les somnambules l'indiquent et le demandent expressément.

Quand ils sont remis dans leur état naturel (réveillés si vous voulez), il faut aussi leur donner le temps de se remettre avant de leur parler. Très souvent ils éprouvent une démangeaison, ou un picotement, ou une cuisson aux yeux, aux paupières ; il faut éviter qu'ils les frottent, et pour cela, on les dégage tout à fait avec la main ou un doigt seulement, ou on souffle dessus. Très souvent on enlève cette démangeaison en baignant les yeux avec un linge ou une éponge trempés dans de l'eau fraîche. Quelques-uns éprouvent le besoin de boire un peu d'eau ou d'avoir le front rafraîchi par le même moyen. Il faut tâcher de prévoir ou de savoir cela à l'avance, pour avoir *tout* sous la main. Il y en a qui ont besoin de prendre l'air pour chasser les restes ou plutôt les impressions du fluide.

Si les membres demeurent quelque temps engourdis, on achève de les dégager avec la main.

Nous disons que nous agissons toujours, ou le plus souvent, sans toucher le sujet; parce que, pour nous, cela est presque toujours inutile. Cependant, nous pensons que le contact des mains donne de la facilité au fluide pour s'écouler, et peut lui donner plus de force. — Il y a des magnétiseurs qui ne peuvent ni donner, ni retirer leur fluide, sans toucher à leur sujet.

On aura sans doute remarqué que nous avons toujours recherché dans le magnétisme les choses utiles, instructives ou sérieuses. Nous regrettons infiniment qu'on l'emploie trop souvent à des choses futiles ou oiseuses.

Nous avons toujours eu un grand respect pour ces âmes si dégagées de leurs corps, et ce n'est pas sans une certaine émotion que nous pouvions communiquer avec elles et les interroger.

Notre conviction est que nous n'avons pas le droit de les obliger à la moindre contrainte, ni celui de leur adresser des questions indiscrètes.

Au lieu de leur imposer notre volonté, nous nous sommes toujours soumis à la leur, et chaque fois qu'une personne a voulu, en notre présence, leur faire des questions embarrassantes, ou gênantes pour elles ou qui semblaient les contrarier, nous leur défendions expressément de répondre.

En général, il ne faut pas leur adresser de questions concernant l'avenir qu'il ne nous est pas permis de connaître. Mais si, d'eux-mêmes, les somnambules nous font des révélations, c'est qu'ils y ont été providentiellement autorisés.

S'ils désirent connaître, pour eux-mêmes et par eux-mêmes, quelque chose qui doive rester ignoré de tout le monde, on les engage à l'écrire sur une feuille de papier qu'ils déposeront dans une boîte ou dans un meuble dont ils auront la clef; ou qu'ils placeront dans leur poche ou ailleurs.

On le leur dit quand ils sont remis dans leur état naturel, puisqu'ils ne se souviennent absolument de rien.

Lorsqu'ils le désirent, nous leur faisons facilement rappeler ce qu'ils ont dit dans leur somnambulisme; mais cela fatigue un peu le magnétiseur, et beaucoup le sujet.

Les somnambules ont une certaine curiosité pour savoir ce qu'ils ont dit dans cet état; et pourtant, ou ils sont incrédules, ou ils éprouvent une certaine contrariété, une certaine impatience.

Il vaut donc mieux leur dire, en général, le sujet de leur conversation, quelques-unes de leurs réponses ou de leurs prévisions, mais sans entrer dans des détails, et surtout leur cacher ce qui peut les contrarier.

Ou bien ne le leur révéler que quelques heures après la séance, et, mieux encore, le lendemain, car alors leur surexcitation, leur sensibilité sera affaiblie ou passée.

Le plus souvent, nous leur demandons pendant leur somnambulisme ce qu'il faudra leur redire ou leur cacher, et nous agissons suivant leur réponse.

Enfin, avec de la prudence, une grande attention et une observation soutenue, on acquiert promptement de l'expérience.

Mais quand on le peut, le mieux sera toujours d'être conseillé et guidé par le somnambule lui-même et, à défaut, par un autre.

Il y a des somnambules tellement isolés du genre humain qu'ils n'entendent, ne sentent, ne voient que leur magnétiseur et, par conséquent, ne répondent qu'à lui.

Mais si une autre personne désire lui parler, on met la main de celle-ci dans celle du somnambule, on mêle un peu leurs fluides. Ou bien, sans établir de contact, on prend du fluide à la première pour le donner à celui-ci et réciproquement, deux ou trois fois, et la communication est établie.

A quoi peut servir le somnambulisme ?

La réponse à cette question se trouve dans ce qui précède... mais ce n'est pas tout.

Nous avons vu que l'âme d'un somnambule peut aller à Constantinople ou dans toute autre ville pour constater ce qui se passe dans un lieu déterminé.

Mais ne pourrait-il pas arriver que l'âme de ce somnambule se mît en communication avec l'âme d'un autre somnambule magnétisé à New-York, par exemple; — de telle sorte qu'ils pussent, à cette distance, s'interroger, se comprendre, se répondre ; — ou plutôt transmettre les demandes et les réponses du Français et de l'Américain? En un mot ces deux personnes ne pourraientelles pas se communiquer à l'aide de deux somnambules magnétisés à la même heure (ou plutôt au même moment) dans chacune de ces villes? comme elles peuvent le faire aujourd'hui avec le télégraphe électrique?

Nous prévoyons bien que plus d'un sceptique dira, comme au début de ce télégraphe : On enverra le mot *amour* à l'autre qui ne comprendra pas, et répondra : du *flan*.

Mais nous sommes convaincu que cette idée fera son chemin, — comme bien d'autres consignées dans ce petit volume !

Seulement, ne dites jamais, *a priori* : Telle chose est impossible... parce que vous ne l'avez pas encore vue.

Pas d'exagérations non plus, et ne dites pas : Si l'on peut découvrir un voleur, si l'on peut retrouver un objet perdu, — on doit pouvoir les découvrir — les retrouver *tous !* —Si l'on voit une maladie intérieure et un remède efficace... on doit pouvoir les découvrir tous et les guérir — *toutes !*

Comme toute chose humaine, la lucidité a ses limites.

Nous avons appris qu'une de nos somnambules, que nous avons été le premier à magnétiser et qui a pu développer, avec nous, sa grande lucidité, s'est mise, d'après nos conseils, entre les mains d'un médecin de ses parents auquel elle a pu raconter l'origine, les causes de sa maladie, et le traitement qu'elle devait suivre, d'après les indications données par elle-même... mais qu'elle suivait trop inexactement avec nous.

Ce parent a pu avoir assez d'empire sur elle pour la forcer à se soigner.

Puis, sachant qu'elle était très lucide, celui-ci la fit magnétiser par un autre médecin qui lui fit faire des expériences fort curieuses, sous les yeux d'autres docteurs et d'un certain nombre d'élèves.

Par exemple, on la mettait en présence de cadavres dont elle indiquait très nettement, et sans aucune hésitation, la maladie, son origine remontant souvent à plusieurs années, jusqu'à leur jeunesse, et même à leur enfance ; les ravages intérieurs occasionnés par cette maladie et comment elle provoqua la mort.

Puis, devant les témoins de ces révélations, on faisait l'autopsie... et ils voyaient la confirmation exacte de ce que cette somnambule avait déclaré.

« Bravo ; — un bon point à vous, messieurs ; — publiez ces faits et vos confrères vous croiront — peut-être !

La même a déclaré que l'origine de la maladie d'une personne qui la consultait remontait à l'époque de sa conception même, parce qu'elle avait eu lieu pendant les menstrues de sa mère !... Mystère ! ! !

Il y a quelques mois, plusieurs personnes nous disaient : le magnétisme est évidemment une science, mais elle ne fait aucun progrès.

Les magnétiseurs en sont encore au point où se trouvaient les chimistes dans le temps de la croyance aux quatre éléments : le feu, la terre, l'air et l'eau.

Chaque magnétiseur remonte au point de départ — faute de professeurs, faute de livres utiles.

Vous avez beaucoup vu, beaucoup expérimenté de faits magnétiques, vous avez une longue expérience qui date de cinquante ans, pourquoi ne publieriez-vous pas ce que vous savez? pour que cela ne soit pas perdu? pour poser les bases d'un édifice auquel d'autres apporteront leurs pierres et que d'autres construiront?

Selon nous, ils avaient raison, et nous avons écrit, tout simplement et sans prétention, la relation d'une partie des faits qui nous sont revenus en mémoire.

Nous n'avons pas la vanité de croire que nous convaincrons tous ceux qui auront lu cet ouvrage; mais nous aurons rempli notre but si nous leur avons inspiré le désir de voir, d'examiner, d'étudier des somnambules pour juger par eux-mêmes de ce qu'ils devront croire.

Il est certain que si le Christianisme a dit :

AIMEZ-VOUS LES UNS LES AUTRES,

Le Magnétisme dit :

SECOUREZ-VOUS LES UNS LES AUTRES !

FIN

TABLE DES MATIÈRES

CHAPITRE V

CHAPITRE VI

CHAPITRE VII

1re *partie*

2e *partie*

3e *partie*

CHAPITRE VIII

CHAPITRE IX

CHAPITRE X

FIN DE LA TABLE DES MATIÈRES

(Tous droits réservés)

Paris. — Imp. V. Fillion et Cie, rue des Martyrs, 18 et 18 bis.